数控编程与加工技术

主　编　张淑玲　赵红美
副主编　李小静　薄向东
参　编　杨珍明　张艳征　张雪松　苑俊杰

北京理工大学出版社
BEIJING INSTITUTE OF TECHNOLOGY PRESS

图书在版编目（CIP）数据

数控编程与加工技术 / 张淑玲，赵红美主编. -- 北京：北京理工大学出版社，2022.7
ISBN 978 - 7 - 5763 - 1559 - 2

Ⅰ．①数… Ⅱ．①张… ②赵… Ⅲ．①数控机床 – 程序设计 – 高等学校 – 教材②数控机床 – 加工 – 高等学校 – 教材 Ⅳ．①TG659

中国版本图书馆 CIP 数据核字（2022）第 135578 号

出版发行 / 北京理工大学出版社有限责任公司
社　　址 / 北京市海淀区中关村南大街 5 号
邮　　编 / 100081
电　　话 / （010）68914775（总编室）
　　　　　　（010）82562903（教材售后服务热线）
　　　　　　（010）68944723（其他图书服务热线）
网　　址 / http：//www.bitpress.com.cn
经　　销 / 全国各地新华书店
印　　刷 / 涿州市新华印刷有限公司
开　　本 / 787 毫米 × 1092 毫米　1/16
印　　张 / 19.25　　　　　　　　　　　　　　　　责任编辑 / 王玲玲
字　　数 / 430 千字　　　　　　　　　　　　　　　文案编辑 / 王玲玲
版　　次 / 2022 年 7 月第 1 版　2022 年 7 月第 1 次印刷　责任校对 / 刘亚男
定　　价 / 88.00 元　　　　　　　　　　　　　　　责任印制 / 李志强

前　　言

本书是根据当前高职教育人才培养模式改革,校企合作,融入编者多年从事教学、生产实践的经验编写而成的。本书重点介绍了数控车削、数控铣削及数控加工中心加工所需的编程方法和操作方法等知识。

本书是一本基于工作过程的项目化教材,按照新形态教材建设理念,将知识点和技能点的微资源立体化地呈现在教材中,配有丰富的微课、动画、视频等颗粒化资源,项目内容和评价标准对接"数控车铣加工""多轴数控加工"两个职业技能"1+X"证书,采用"课证融合"模式,实现课程的学习过程和证书标准的培训落实并举。本书可作为全国高职院校数控、机械、模具等机械类专业的教学用书,参考学时数为90~100;也可作为数控车铣加工、多轴数控加工等"1+X"证书培训用书;还可作为工程技术人员、数控编程与加工人员学习和培训的参考用书。

本书共分4篇11个项目,第一篇是基础篇,包含2个项目:项目一数控机床与编程基础、项目二数控编程指令的认知。第二篇是数控编程指令应用篇,包含3个项目:项目一数控车削零件编程、项目二数控铣削零件编程、项目三数控加工中心零件编程。第三篇为数控加工技能篇,包含3个项目:项目一数控车仿真加工、项目二数控铣仿真加工、项目三数控加工中心仿真加工。第四篇为数控加工实战篇,包含3个项目:项目一"1+X"证书数控车铣加工与多轴加工、项目二鉴定零件数控编程与加工、项目三多轴编程与加工。

本书由唐山工业职业技术学院张淑玲、赵红美、李小静、薄向东、杨珍明、张艳征等专业教师团队,与中车唐山机车车辆有限公司高级工程师、高级技师张雪松及松下焊机高级技师苑俊杰等企业技术人员合作编写而成。张淑玲、赵红美担任主编。其中,第一篇由张淑玲、赵红美编写,第二篇由张淑玲、李小静、薄向东编写,第三篇由张淑玲、杨珍明、李小静、苑俊杰编写,第四篇由薄向东、张雪松、张艳征编写,全书由张淑玲统稿。

由于编者水平有限,书中难免存在不妥之处,恳请读者给予批评指正。

目　录

第一篇　基础篇

项目一 数控机床与编程基础

教学目标

1. 素质目标:具备正确的社会主义核心价值观和道德法律意识;具备精益求精、追求卓越的工匠精神和严谨细致、踏实肯干的工作作风;具备良好的团队协作精神、协调能力、组织能力和管理能力。

2. 知识目标:了解数控机床与数控加工技术,掌握数控机床的组成及其作用、数控机床的类型及应用;掌握数控机床坐标系的确定原则,数控车床、数控铣床坐标轴的确定方法。

大国工匠

3. 能力目标:能够准确识别数控机床,确定其适用范围;能够正确地确定出数控车床及数控铣床各个运动的坐标轴,并正确判各坐标轴的正方向。

教学内容

任务 1 数控机床认知

在加工设备中应用广泛的数字控制技术,是一种采用计算机对机械加工过程中各种控制信息进行数字化运算、处理,并通过驱动单元对机械执行构件进行自动化控制的技术。现在已有大量机械设备采用了数控技术,其中应用面最广的就是数控加工设备,即数控机床。下面介绍机床中的数控技术、数控系统等概念。

一、基本概念

1. 数控技术

数控技术是指利用数字或数字化信号构成的程序对控制对象的工作过程实现自动控制的一门技术,简称数控(Numerical Control,NC)。

2. 数控系统

数控系统是指利用数控技术实现自动控制的系统。数控系统是数字控制系统(Numerical Control System,NCS)的简称,根据计算机存储器中存储的控制程序,执行部分或全部数值控制功能,并配有接口电路和伺服驱动装置的专用计算机系统。

数控技术综合运用了机械制造技术、信息处理技术、加工技术、传输技术、自动控制技术、伺服驱动技术、传感技术、软件技术等方面的最新成果,具有动作顺序自动控制,位移和相对位置坐标自动控制,速度、转速和各种辅助功能自动控制等功能。

3. 数控机床

数控设备则是采用数控系统实现控制的机械设备,其操作命令是用数字或数字代码的形式来描述,工作过程是按照指定的程序自动地进行。装备了数控系统的机床称为数控机床。

4. 数控技术特点

(1)生产率高

运用数控设备对零件进行加工,可实现一次装夹工件完成多道工序的加工,从而能确保加工精度和减少辅助时间;采用模块化的标准工具,既减少了换刀和安装时间,又提高了工具标准化的程度和工具的管理水平。

(2)加工精度高

能高质量地完成普通机床难以完成的复杂零件和零件曲面形状的加工。在加工精度方面,普通级数控机床的加工精度已由 10 μm 提高到 5 μm,精密级加工中心则由 3 ~ 5 μm提高到 1 ~ 1.5 μm,并且超精密加工精度已开始进入纳米级(0.01 μm)。

(3)柔性及通用性强

数控设备特别适用于单件、小批量、轮廓复杂的零件加工。若被加工产品发生变化,只要改变相应的控制程序,即可实现加工。加工中能方便地改变加工工艺参数,因而利于换批加工和新产品的研制。

(4)可靠性高

对于数控系统,用软件替代一定的硬件后,使系统中所需的元件数量减少,硬件故障率大降低。在可靠性方面,国外数控装置的 MTBF 值已达 6 000 h 以上,伺服系统的 MTBF 值达到 30 000 h 以上,表现出非常高的可靠性。

(5)易于实现多功能复杂程序控制

由于计算机具有丰富的指令系统,能进行复杂的运算处理,故而可实现多功能、复杂程序控制。

(6)具有较强的网络通信功能

随着数控技术的发展,可实现不同或相同类型数控设备的集中控制,CNC 系统必须具备较强的网络通信功能,便于实现 DNC、FMS、CIMS 等。

(7)具有自诊断功能

较先进的 CNC 系统自身配备故障诊断程序,具有自诊断功能,能及时发现故障,便于设备功能修复,生产率大大提高。

二、数控机床组成

数控机床主要由计算机数控装置,伺服单元、驱动装置和测量装置,控制面板,控制介质与程序输入/输出设备,PLC、机床 I/O(输入/输出)电路和装置、机床本体组成,如图 1.1.1 所示。

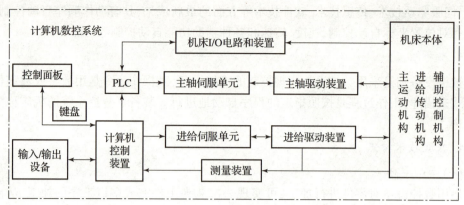

图 1.1.1 数控机床组成

1. 计算机数控装置(CNC 装置)

CNC 装置是计算机数控系统的核心。

作用:根据输入的零件加工程序或操作命令进行相应的处理,然后输出控制命令到相应的执行部件,完成零件加工程序或操作者所要求的工作。

2. 伺服单元、驱动装置和测量装置

主要包括主轴伺服驱动装置、主轴电动机、进给伺服驱动装置及进给电动机。

测量装置是指位置和速度测量装置,它是实现主轴、进给速度闭环控制和进给位置闭环控制的必要装置。

主轴伺服系统的主要作用是实现零件加工的切削运动,其控制量为速度;进给伺服系统的主要作用是实现零件加的成形运动,其控制量为速度和位置。

3. 控制面板

控制面板又称操作面板,如图 1.1.2 所示,是操作人员与数控机床进行信息交互的工具。它是数控机床的一个输入/输出部件。

4. 控制介质与程序输入/输出设备

控制介质是记录零件加工程序的媒介,是人与机床建立联系的介质。

程序输入/输出设备是 CNC 系统与外部设备进行信息交互的装置。目前常用的有磁盘和磁盘驱动器等。

此外,现代数控系统一般可利用通信方式进行信息交换,主要有串行通信、自动控制专用接口、网络技术。

图 1.1.2 控制面板

5. PLC、机床 I/O(输入/输出)电路和装置

PLC 是用于进行与逻辑运算、顺序动作有关的 I/O 控制,它由硬件和软件组成。

机床 I/O 电路和装置是用于实现 I/O 控制的执行部件,是由继电器、电磁阀、行程开关、接触器等组成逻辑电路。

6. 机床本体

机床本体是数控系统的控制对象,是实现加工零件的执行部件。

三、数控机床分类

1. 按控制功能分类

按控制功能分类,数控机床分类为点位控制数控机床、直线控制数控机床、轮廓控制数控机床。

(1)点位控制数控机床

如图1.1.3所示,这类机床仅能控制两个坐标轴带动刀具或工作台从一点准确、快速移动到下一点,然后控制第三个坐标轴进行钻、镗等切削加工;移动过程不能切削加工;对轨迹不做控制要求。适用范围:数控钻床、数控镗床、数控冲床。

(2)直线控制数控机床

如图1.1.4所示,直线控制数控机床是控制刀具或机床工作台以一定的进给速度,从一个点准确地移动到另一个点,移动过程中进行切削,保证在两点之间的运动轨迹是一条直线的控制系统。一般地,都是将点位与直线控制方式结合起来,组成点位直线控制系统而用于机床上。这种形式的典型机床有车阶梯轴的数控车床。

点位控制钻孔加工示意图

图1.1.3　点位控制数控机床

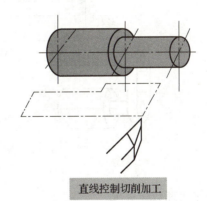

直线控制切削加工

图1.1.4　直线控制数控机床

(3)轮廓控制数控机床

如图1.1.5所示,轮廓控制数控机床是可以控制几个坐标轴同时谐调运动(坐标联动),使工件相对于刀具按程序规定的轨迹和速度运动,在运动过程中进行连续切削加工的数控系统。其可加工任意形状的曲线和曲面。按联动轴数,可分为两轴、两轴半、三轴、四轴和五轴,联动轴数越多,编程越复杂,三轴以上的必须用自动编程。

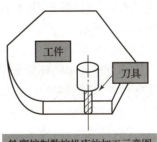

轮廓控制数控机床的加工示意图

图1.1.5　轮廓控制数控机床

适用范围:数控车床、数控铣床、加工中心等。现代数控机床装备的基本上都是这种数控系统。

2. 按进给伺服系统类型分类

包括开环数控机床、半闭环数控机床、闭环数控机床。

（1）开环数控机床

没有测量和反馈系统，直接由数控装置传递给进给系统，信号流是单向的，故称为开环。其特点是结构简单，成本较低，系统稳定，但加工精度不高。精度取决于伺服驱动系统以及机械传动系统的精度。如图1.1.6所示。

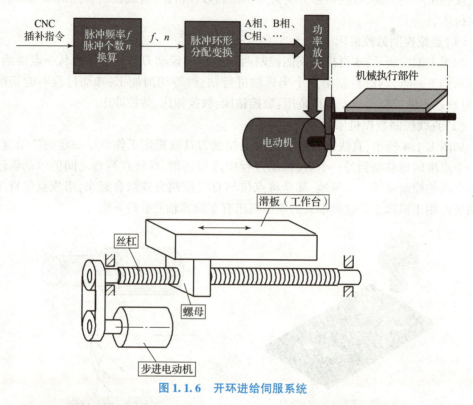

图 1.1.6 开环进给伺服系统

（2）半闭环数控机床

有检测和反馈系统。检测点在伺服电动机或丝杠位置。通过检测电动机或丝杠的旋转角度间接测出机床运动部件的位移，而不是直接检测工作台的实际位置；经反馈回路送回 CNC 数控系统，并与控制值相比较，进行纠正。其广泛应用于中小型数控机床。如图 1.1.7 所示。

（3）闭环数控机床

工作原理和半闭环伺服系统的相同，但测量元件装在工作台上，可直接测出工作台的实际位置，反馈精度高于半闭环系统，可获得很高的定位精度。如图 1.1.8 所示。缺点：由于机械传动环节的摩擦、间隙等因素存在，很容易造成系统的不稳定。系统结构复杂，稳定性较难保证，成本高，调试、维修困难。主要用于精度要求很高的超精车床、超精磨床等大型设备。

按工艺用途分类：切削加工类、成型加工类、特种加工类、其他类型。各类机床如图1.1.9 所示。

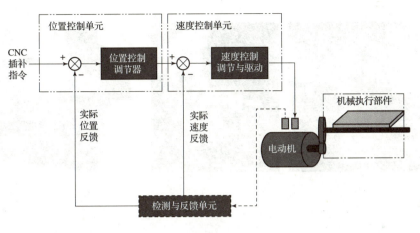

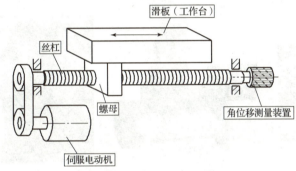

图 1.1.7　半闭环进给伺服系统

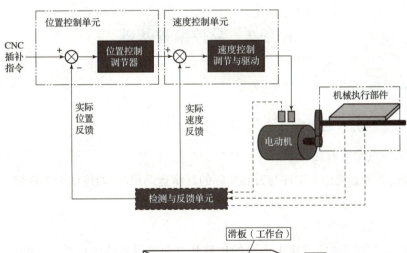

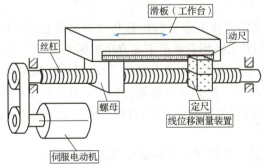

图 1.1.8　闭环进给伺服系统

图 1.1.9　各类机床

任务 2　数控编程基础

一、数控机床坐标系

(一)机床坐标系的确定

1. 机床相对运动的规定

编程时,不考虑机床上工件与刀具实际的具体运动情况,始终认为工件静止,而刀具是运动的。

2. 机床坐标系的规定

数控机床上用于确定机床上运动的位移和方向而设置的坐标系。标准机床坐标系中,坐标轴 X、Y、Z 的相互关系用右手笛卡儿直角坐标系决定。为简化编程和保证程序的通用性,对数控机床的坐标轴和方向命名制定了统一标准,规定直线进给坐标轴用 X、Y、Z 表示,常称为基本坐标轴。X、Y、Z 坐标轴的相互关系用右手定则决定,如图 1.1.10(a)所示,图中大拇指的指向为 X 轴的正方向,食指指向为 Y 轴的正方向,中指指向为 Z 轴的正方向。

围绕 X、Y、Z 轴旋转的圆周进给坐标轴分别用 A、B、C 表示,根据右手螺旋定则,如图 1.1.10(b)所示,以大拇指指向 $+X$、$+Y$、$+Z$ 方向,则食指、中指等的指向是圆周进给运

动的 $+A$、$+B$、$+C$ 方向。

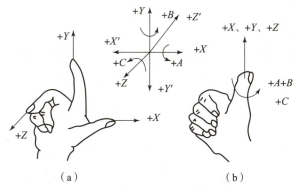

图 1.1.10　笛卡儿坐标系

　　数控机床的进给运动,有的由主轴带动刀具运动来实现,有的由工作台带着工件运动来实现。上述坐标轴正方向,是假定工件不动,刀具相对于工件做进给运动的方向。如果是工件移动,则用加"′"的字母表示,按相对运动的关系,工件运动的正方向恰好与刀具运动的正方向相反,即有 $+X=-X'$,$+Y=-Y'$,$+Z=-Z'$,$+A=-A'$,$+B=-B'$,$+C=-C'$。同样,两者运动的负方向也彼此相反。

3. 运动方向的规定

　　增大刀具与工件距离的方向即为各坐标轴的正方向。

　　机床坐标轴的方向取决于机床的类型和各组成部分的布局,对车床而言:

　　① Z 轴与主轴轴线重合,沿着 Z 轴正方向移动将增大零件和刀具间的距离。

　　② X 轴垂直于 Z 轴,对应于转塔刀架的径向移动,沿着 X 轴正方向移动将增大零件和刀具间的距离。

　　③ Y 轴(通常是虚设的)与 X 轴和 Z 轴一起构成遵循右手定则的坐标系统。

(二)坐标轴方向的确定

1. Z 坐标

　　Z 坐标的运动方向是由传递切削动力的主轴所决定的,即平行于主轴的坐标轴即为 Z 坐标,Z 坐标的正向为离开工件的方向。多个坐标轴或坐标轴能够摆动或无坐标轴时,则选垂直于装夹平面的方向为 Z 坐标方向。

2. X 坐标

　　X 坐标平行于工件的装夹平面,一般在水平面内。要考虑两种情况:

　　①如果工件做旋转运动,刀具离开工件的方向为坐标的正方向。

　　②如果刀具做旋转运动,则分两种情况:Z 轴水平时,观察者沿刀具主轴向工件看时,$+X$ 运动方向指向右方;Z 轴垂直时,观察者面对刀具主轴向立柱看时,$+X$ 运动方向指向右方。

3. Y 坐标

　　在确定 X 和 Z 坐标的正方向后,可以根据 X 和 Z 坐标的方向,按照右手直角坐标系来确定 Y 坐标的方向。

二、数控车床坐标系

(一)数控车床坐标系原点的确定

数控车床坐标系原点,通常选在卡盘端面与主轴中心的交点处。通过设置参数的方法,也可将数控车床原点设置在 X 轴、Z 轴正方向的极限点处,如图 1.1.11 所示。

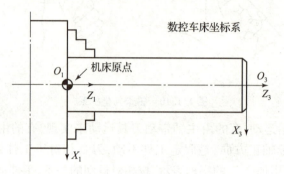

图 1.1.11 数控车床坐标系

(二)数控车床坐标轴及其方向

1. 卧式数控车床坐标系

卧式前置刀架平床身数控车床坐标轴如图 1.1.12 所示,卧式后置刀架斜床身数控车床坐标轴,如图 1.1.13 所示。

图 1.1.12 前置刀架数控车床坐标轴   图 1.1.13 后置刀架数控车床坐标轴

2. 立式数控车床坐标轴(图 1.1.14)

图 1.1.14 立式数控车床坐标轴

三、数控铣床坐标系原点及坐标轴的确定

(一)数控铣床坐标系原点的确定

在数控铣床上,机床原点一般选在 X、Y、Z 坐标轴正方向极限位置上,如图 1.1.15 所示。

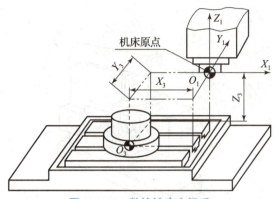

图 1.1.15　数控铣床坐标系

(二)数控铣床坐标轴及其方向

立式数控铣床坐标轴如图 1.1.16 所示,卧式数控铣床坐标轴如图 1.1.17 所示。

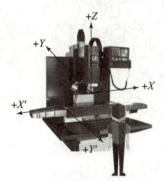

图 1.1.16　立式数控铣床坐标轴

图 1.1.17　卧式数控铣床坐标轴

四、其他机床坐标系

数控刨床和龙门式数控铣床坐标系如图 1.1.18 和图 1.1.19 所示。

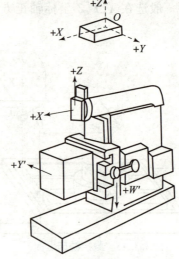

图 1.1.18　数控刨床坐标系

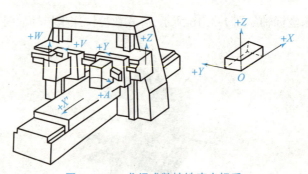

图 1.1.19　龙门式数控铣床坐标系

 课后练习

1. 数控机床通常由哪几部分组成？各部分作用是什么？
2. 数控机床按控制功能分为哪几种？
3. 判定数控机床坐标系的方法和步骤是什么？

项目二　数控编程指令的认知

1. 素质目标:培养学生具有自学能力和终身学习能力,具有独立思考、逻辑推理、信息加工和创新能力,具有全局观念和良好的团队协作精神、协调能力、组织能力和管理能力,具有精益求精、追求卓越的工匠精神和严谨细致、踏实肯干的工作作风,具有正确的劳动观和感受美、表现美、鉴赏美、创造美的能力。

2. 知识目标:了解程序的构成;掌握数控编程通用指令、数控车削常用指令、数控铣削常用指令;正确理解各个指令字的含义。

3. 能力目标:会使用各个指令编写出正确的程序段。

教学内容

任务1　通用编程指令认知

一、程序构成

一个零件程序是由遵循一定结构、句法和格式规则的若干个程序段组成的,而每个程序段是由若干个指令字组成的。如图 1.2.1 所示。

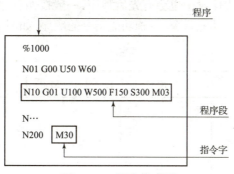

图 1.2.1　程序构成图

(一)指令字格式

一个指令字是由地址符(指令字符)和带符号(如定义尺寸的字)或不带符号(如准

备功能字 G 代码)的数字数据组成的。华中数控系统常见指令字符见表 1.2.1。

表 1.2.1　华中数控系统常见指令字符

机能	地址	意义
零件程序号	%	程序编号:%1~%4294967295
程序段号	N	程序段编号:N0~N4294967295
准备机能	G	指令动作方式 G00~G99
尺寸字	X,Y,Z	坐标轴的移动命令:±99999.99
	A,B,C	
	U,V,W	
	R	圆弧的半径,固定循环的参数
	I,J,K	圆心相对于起点的坐标,固定循环的参数
进给速度	F	进给速度的指定 F0~F24000
主轴机能	S	主轴转速的指定 S0~S9999
刀具机能	T	刀具编号的指定 T0~T99
辅助机能	M	机床侧开/关控制的指定 M0~M99
补偿号	D	刀具半径补偿号的指定 00~99
暂停	P,X	暂停时间的指定秒
程序号的指定	P	子程序号的指定 P1~P4294967295
重复次数	L	子程序的重复次数,固定循环的重复次数
参数	P,Q,R,U,W,I,K,C,A	车削复合循环参数
倒角控制	C,R	

(二)程序段格式

各指令字的排列在程序段中也会有先后顺序,一般按照程序段号、准备功能指令、尺寸字、工艺功能指令、辅助功能指令、主轴功能指令的顺序,如图 1.2.2 所示。

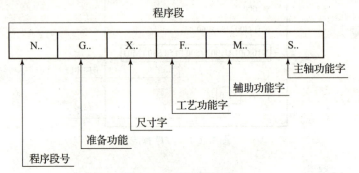

图 1.2.2　程序段格式

（三）程序的一般结构

程序的一般结构见表 1.2.2。

表 1.2.2　程序的一般结构

主程序		子程序	
O3001	主程序号	O4001	子程序号
N10 G90 G21 G40 G80		N10 G91 G83 Y12 Z－12.0 R3.0 Q3.0 F250	
N20 G91 G28 X0 Y0 Z0		N20 X12 L9	
N30 S2000 M03 T0101		N30 Y12	程序内容
…		…	
N70 M98 P4001 L3	程序内容	N40 X－12 L9	
N80 G80		N50 M99	程序返回
…			
N100 M09			
N110 G91 G20 X0 Y0 Z0			
N120 M30	程序结束		

1. 程序号

程序号为程序的开始部分，为了区别存储器中的程序，每个程序都要有程序编号，在编号前采用程序编号地址码。如在华中数控系统中，采用"%"，在 FANUC 系统中，采用英文字母"O"作为程序编号地址，其他系统也有采用"P""："等。

2. 程序内容

程序内容是整个程序的核心，由许多程序段组成，表示数控机床所要完成的全部动作。

3. 程序结束

以程序结束指令 M02 或 M30 作为整个程序结束的符号，来结束整个程序。

（四）程序的文件名

系统不同，程序名也略有不同，FANUC 系统和华中系统的文件名是以字母 O 开头的 4 位数字，西门子系统的文件名以字母开头。

（五）子程序

在程序中，当某一部分程序反复出现时，可以把这类程序作为一个独立程序，并事先存储起来，使程序简化。这个独立程序称为子程序。

1.〖格式〗

M98 P □□□□ ××××;

〖说明〗

□□□□:重复调用子程序的次数，若省略，则调用次数为 1 次。

××××:要调用的子程序号。

P:后面最多跟 8 位数字，数字可以小于或等于 4 位。

〖实例〗

M98 P46666;调用 4 次程序号为 6666 的子程序。

M98 P8888;调用 1 次程序号为 8888 的子程序。

M98 P40012;调用 4 次程序号为 0012 的子程序。

注意:主程序可以多次调用子程序,但连续调用同一子程。

2. 子程序结束指令 M99

格式如图 1.2.3 所示。

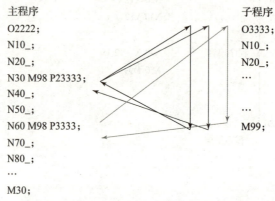

图 1.2.3 子程序构成图

3. 子程序嵌套

为进一步简化零件加工程序,子程序也可再调用另一子程序,这种调用称为子程序嵌套,如图 1.2.4 所示。

注意事项:

①子程序只能执行有限级嵌套,最多可嵌套 4 层子程序(不同系统可能不同)。

②应避免子程序间的互相调用。

二、辅助功能指令

(一)M 指令

辅助功能由地址字 M 和其后的 1 或 2 位数字组成,主要用于控制零件程序的走向,以及机床各种辅助功能的开关动作。

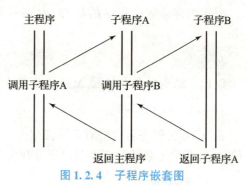

图 1.2.4 子程序嵌套图

(1)M 功能有非模态功能和模态功能两种形式

非模态 M 功能(当段有效代码):只在书写了该代码的程序段中有效。

模态 M 功能(续效代码):一组可相互注销的 M 功能,这些功能在被同一组的另一个功能注销前一直有效。

(2)M 功能还可分为前作用功能和后作用功能两类

前作用 M 功能:在程序段编制的轴运动之前执行。

后作用 M 功能:在程序段编制的轴运动之后执行。

数控装置 M 代码功能见表 1.2.3(标记者为默认值)。

表 1.2.3　M 代码及功能

代码	模态	功能说明	代码	模态	功能说明
M00	非模态	程序停止	M03	模态	主轴正转
M02	非模态	程序结束	M04	模态	主轴反转
M30	非模态	程序结束并返回程序起点	◆M05	模态	主轴停止
			M06	非模态	换刀
M98	非模态	调用自程序	M07、M08	模态	切削液打开
M99	非模态	自程序返回	◆M09	模态	切削液关闭

1. 程序暂停 M00

当 CNC 执行到 M00 指令时,将暂停执行当前程序,以方便操作者进行刀具和工件的尺寸测量、工件调头、手动变速等操作。暂停时,机床的进给停止,而全部现存的模态信息保持不变,欲继续执行后续程序,重按操作面板上的"循环启动"键。

M00 为非模态后作用 M 功能。

2. 程序结束 M02

M02 一般放在主程序的最后一个程序段中。

当 CNC 执行到 M02 指令时,机床的主轴、进给、冷却液全部停止,加工结束。

使用 M02 的程序结束后,若要重新执行该程序,就得重新调用该程序,或在自动加工子菜单下按子菜单 F4 键,然后再按操作面板上的"循环启动"键。

M02 为非模态后作用 M 功能。

3. 程序结束并返回到零件程序头 M30

M30 和 M02 功能基本相同,只是 M30 指令还兼有控制返回到程序头(%)的作用。使用 M30 的程序结束后,若要重新执行该程序,只需再次按操作面板上的"循环启动"键。

4. 主轴控制指令 M03、M04、M05

M03 启动主轴以程序中编制的主轴速度顺时针方向(从 Z 轴正向朝 Z 轴负向看)旋转。

M04 启动主轴以程序中编制的主轴速度逆时针方向旋转。

M05 使主轴停止旋转。

M03、M04 为模态前作用 M 功能,M05 为模态后作用 M 功能,M05 为默认功能。

M03、M04、M05 可相互注销。

5. 冷却液打开、停止指令 M07、M08、M09

M07、M08 指令将打开冷却液管道。

M09 指令将关闭冷却液管道。

M07、M08 为模态前作用 M 功能,M09 为模态后作用 M 功能,M09 为默认功能。

（二）S 指令

主轴功能 S 控制主轴转速,其后的数值表示主轴速度,单位为转/分钟(r/min)。恒线速度功能时,S 指定切削线速度,其后的数值单位为米/分钟(m/min)。(G96 恒线速度有效、G97 取消恒线速度。)

S 是模态指令,S 功能只有在主轴速度可调节时有效。S 指令所编程的主轴转速可以借助机床控制面板上的主轴倍率开关进行修调。

（三）T 指令

T 指令用于选刀,其后的 4 位数字分别表示选择的刀具号和刀具补偿号,如 T0101、T0202,如图 1.2.5 所示。

三、插补功能指令

（一）线性进给 G01

〖格式〗

```
G01 X(U)_ Z(W)_ F_ ;
```

〖说明〗

X、Z:绝对编程时终点在工件坐标系中的坐标。

U、W:增量编程时终点相对于起点的位移量。

F:合成进给速度。

G01 指令刀具以联动的方式,按 F 规定的合成进给速度,从当前位置按线性路线(联动直线轴的合成轨迹为直线)移动到程序段指令的终点。

G01 是模态代码,可由 G00、G02、G03 或 G32 注销。

（二）圆弧进给 G02/G03

〖格式〗

```
G02/G03 X(U)_ Z(W)_R_(I_K_) F_
```

〖说明〗

G02/G03 指令刀具按顺时针/逆时针进行圆弧加工。

圆弧插补 G02/G03 的判断,是在加工平面内,根据其插补时的旋转方向为顺时针/逆时针来区分的。加工平面为观察者迎着 Y 轴的指向所面对的平面。如图 1.2.6 所示。

图 1.2.5 刀具指令格式

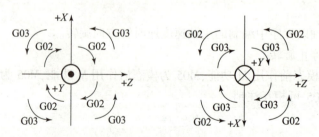

图 1.2.6 G02/G03 插补方向

各参数含义如图 1.2.7 所示。

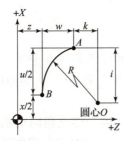 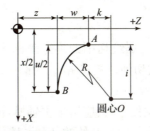

图 1.2.7　G02/G03 参数说明

特例 1：圆柱螺旋线插补

旋线的形成是刀具做圆弧插补运动的同时，同步地做轴向运动。

〖格式〗

$$G17 \begin{Bmatrix} G02 \\ G03 \end{Bmatrix} X\_ Y\_ Z\_ \begin{Bmatrix} I\_J\_ \\ R\_ \end{Bmatrix} K\_ F\_$$

〖说明〗

G02、G03：螺旋线的旋向，其定义同圆弧；

X、Y、Z：螺旋线的终点坐标；

I、J：圆弧圆心在 XY 平面的 X、Y 轴上相对于螺旋线起点的坐标；

R：螺旋线在 XY 平面上的投影半径；

K：螺旋线的导程。以下两式的意义类同，如图 1.2.8 所示。

〖格式〗

$$G18 \begin{Bmatrix} G02 \\ G03 \end{Bmatrix} X\_ Y\_ Z\_ \begin{Bmatrix} I\_K\_ \\ R\_ \end{Bmatrix} J\_ F\_$$

$$G19 \begin{Bmatrix} G02 \\ G03 \end{Bmatrix} X\_ Y\_ Z\_ \begin{Bmatrix} J\_K\_ \\ R\_ \end{Bmatrix} I\_ F\_$$

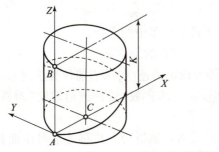

图 1.2.8　G02/G03 圆柱螺旋线插补

图 1.2.8 所示螺旋线的程序为：

```
G17 G03 X0 Y0 Z50 I15 J0 K5 F100
```

或

```
G17 G03 X0 Y0 Z50 R15 K5 F100
```

（三）螺纹切削（G32）

〖格式〗

```
G32 X(U)_ Z(W)_ F_ ;
```

〖说明〗

F:螺纹导程;

X(U)、Z(W):螺纹切削的终点坐标值;起点和终点的 X 坐标值相同(不输入 X 或 U)时,进行直螺纹切削。X 省略时,为圆柱螺纹切削;Z 省略时,为端面螺纹切削;X、Z 均不省略时,为锥螺纹切削。

在编制切螺纹程序时,应当带主轴脉冲编码器,因为螺纹切削是从检测出主轴上的位置编码器一转信号后才开始的,因此,即使进行多次螺纹切削,零件圆周上的切削点仍然相同,工件上的螺纹轨迹也是相同的。从粗车到精车,用同一轨迹要进行多次螺纹切削,主轴的转速必须是一定的。当主轴转速变化时,有时螺纹会或多或少产生偏差。在螺纹切削方式下,移动速率控制和主轴速率控制功能将被忽略。而且在进给保持按钮起作用时,其移动过程在完成一个切削循环后就停止了。

〖注意事项〗

①主轴转速:不应过高,尤其是大导程螺纹,过高的转速使进给速度太快而引起不正常,一些资料推荐的最高转速为:主轴转速(转/分)≤1 200/导程 −80。

②切入、切出的空刀量,为了能在伺服电动机正常运转的情况下切削螺纹,应在 Z 轴方向有足够的空切削长度,一些资料推荐的数据如下:切入空刀量≥2 倍导程;切出空刀量≥1/2导程。

③螺纹切削应注意在两端设置足够的升速进刀段 δ_1 和降速退刀段 δ_2。

四、进给功能

(一)快速进给 G00

〖格式〗

G00 X(U)_ Z(W)_

〖说明〗

X、Z:绝对编程时快速定位终点在工件坐标系中的坐标;

U、W:增量编程时快速定位终点相对于起点的位移量。

G00 指令刀具相对于工件以各轴预先设定的速度,从当前位置快速移动到程序段指令的定位目标点;G00 指令中的快移速度由机床参数"快移进给速度"对各轴分别设定,不能用 F 代码规定。

G00 一般用于加工前快速定位或加工后快速退刀。快移速度可由面板上的快速修调按钮修正。G00 为模态功能,可由 G01、G02、G03 或 G32 功能注销。

〖注意事项〗

在执行 G00 指令时,由于各轴以各自速度移动,不能保证各轴同时到达终点,因而联动直线轴的合成轨迹不一定是直线。操作者必须格外小心,以免刀具与工件发生碰撞,常见的做法是,将 X 轴移动到安全位置,再放心地执行 G00 指令。

(二)单方向定位(G60)

单一方向定位功能也称精密定位功能,一般简称单向定位。指数控坐标轴以预先设定的一个方向完成定位,定位方向与运动方向无关,在准备功能中用 G60 表示。

〖格式〗

G60 X_ Y_ Z_ A_ B_ C_ U_ V_ W_

〖说明〗

X、Y、Z、A、B、C、U、V、W:定位终点,在 G90 时为终点在工件坐标系中的坐标,在 G91 时为终点相对于起点的位移量。

在单向定位时,每一轴的定位方向是由机床参数确定的。在 G60 中,先以 G00 速度快速定位到中间一点,然后以固定速度移动到定位终点。中间点与定位终点的距离(偏移值)是常量,由机床参数设定,并且从中间点到定位终点的方向为定位方向。

G60 指令仅在其所在的程序段中有效。

(三)进给速度单位设定(G98、G99)

G98/G99 为每分钟进给率/每转进给率设置。切削进给速度可用 G98 代码来指令每分钟的移动量(mm/min),或者用 G99 代码来指令每转移动量(mm/转)。G99 的每转进给率主要用于数控车床加工。

(四)准停检验(G09)

主轴准停是控制刀具在程序段终点准确停止的功能。G09 指令是非模态指令,仅在被规定的程序段中有效,一个包括 G09 的程序段在继续执行下个程序段前,准确停止在本程序段的终点。该功能用于加工尖锐的棱角。

(五)切削模式(G61、G64)

1. G61:准确停止方式

在 G61 后的各程序段编程轴都要准确停止在程序段的终点,然后再继续执行下一程序段。

2. G64:连续切削方式

在 G64 之后的各程序段编程轴刚开始减速时(未到达所编程的终点),就开始执行下一程序段。但在定位指令(G00,G60)或有准停检验(G09)的程序段中,以及在不含运动指令的程序段中,进给速度仍减速到 0 才执行定位校验。

〖注意事项〗

①G61 方式的编程轮廓与实际轮廓相符。

②G61 与 G09 的区别在于 G61 为模态指令。

③G64 方式的编程轮廓与实际轮廓不同。其不同程度取决于 F 值的大小及两路径间的夹角,F 越大,其区别越大。

④G61、G64 为模态指令,可相互注销,G61 为默认值。

⑤G64 方式在运动规划方式 0 下,小线段程序运行之后,从自动切到单段,将前瞻缓冲中拼接好的样条执行完之后,才会接着按编程的程序段单段执行。因此会出现一个单段会连续执行若干个程序段的情况。小线段程序既包括 CAM 生成的程序,也包括宏运算生成的程序。

(六)进给暂停 G04

〖格式〗

G04 P_

〖说明〗

P:暂停时间,单位为 s。

①G04 在前一程序段的进给速度降到零之后才开始暂停动作。

②在执行含 G04 指令的程序段时,先执行暂停功能。

③G04 为非模态指令,仅在其被规定的程序段中有效。

④G04 可使刀具做短暂停留,以获得圆整而光滑的表面。

⑤该指令除用于切槽、钻镗孔外,还可用于拐角轨迹控制。

五、参考点

(一)自动返回参考点(G28)

〖格式〗

G28 X(U)_ Z(W)_

〖说明〗

X、Z:绝对编程时为中间点在工件坐标系中的坐标;

U、W:增量编程时为中间点相对于起点的位移量。

G28 指令首先使所有的编程轴都快速定位到中间点,然后再从中间点返回到参考点;一般情况下,G28 指令用于刀具自动更换或者消除机械误差,执行该指令之前,应取消刀尖半径补偿;在 G28 的程序段中不仅产生坐标轴移动指令,而且记忆了中间点坐标值,以供 G29 使用;电源接通后,在没有手动返回参考点的状态下,指定 G28 时,从中间点自动返回参考点,与手动返回参考点相同。这时从中间点到参考点的方向就是机床参数"回参考点方向"设定的方向;G28 指令仅在其被规定的程序段中有效。

(二)从参考点返回(G29)

〖格式〗

G29 X(U)_ Z(W)_

〖说明〗

X、Z:绝对编程时为定位终点在工件坐标系中的坐标;

U、W:增量编程时为定位终点相对于 G28 中间点的位移量。

G29 可使所有编程轴以快速进给经过由 G28 指令定义的中间点,然后再到达指定点,通常该指令紧跟在 G28 指令之后;G29 指令仅在其被规定的程序段中有效。

六、坐标系

(一)机床坐标系编程(G53)

〖格式〗

(G90)G53 IP_;

〖说明〗

该指令使刀具以快速进给速度运动到机床坐标系中 IP_指定的坐标值位置,一般地,该指令在 G90 模式下执行。G53 指令是一条非模态的指令,也就是说,它只在当前程序段中起作用。机床坐标系零点与机床参考点之间的距离由参数设定,无特殊说明,各轴参考点与机床坐标系零点重合。

(二)工件坐标系

1. 设定工件坐标系(G92)

〖格式〗

(G90)G92 IP_;

该指令建立一个新的工件坐标系,使得在这个工件坐标系中,当前刀具所在点的坐标值为 IP - 指令的值。G92 指令是一条非模态指令,但由该指令建立的工件坐标系却是模态的。实际上,该指令也是给出了一个偏移量,这个偏移量是间接给出的,它是新工件坐标系原点在原来的工件坐标系中的坐标值,从 G92 的功能可以看出,这个偏移量也就是刀具在原工件坐标系中的坐标值与 IP - 指令值之差。如果多次使用 G92 指令,则每次使用 G92 指令给出的偏移量将会叠加。对于每一个预置的工件坐标系(G54 ~ G59),这个叠加的偏移量都是有效的。

〖实例〗

预置 1#工件坐标系偏移量:$X - 150.000, Y - 210.000, Z - 90.000$。预置 4#工件坐标系偏移量:$X - 430.000, Y - 330.000, Z - 120.000$。实例数控程序见表 1.2.4。

表 1.2.4　实例数控程序

程序段内容	终点在机床坐标系中的坐标值	注释
N1 G90 G54 G00 X0 Y0 Z0	$X - 150, Y - 210, Z - 90$	选择 1#坐标系,快速定位到坐标系原点
N2 G92 X70 Y100 Z50	$X - 150, Y - 210, Z - 90$	刀具不运动,建立新坐标系,新坐标系中当前点坐标值为($X70, Y100, Z50$)
N3 G00 X0 Y0 Z0	$X - 220, Y - 310, Z - 140$	快速定位到新坐标系原点
N4 G57 X0 Y0 Z0	$X - 500, Y - 430, Z - 170$	选#坐标系,快速定位到坐标系原点(已被偏移)
N5 X70 Y100 Z50	$X - 430, Y - 330, Z - 120$	快速定位到原坐标系原点

2. 工件坐标系选择(G54 ~ G59)

在机床中,可以预置六个工件坐标系,通过在 CRT - MDI 面板上的操作,设置每一个工件坐标系原点相对于机床坐标系原点的偏移量,然后使用 G54 ~ G59 指令来选用它们。G54 ~ G59 都是模态指令,分别对应 1# ~ 6#预置工件坐标系。

〖实例〗

预置 1#工件坐标系偏移量:$X - 150.000, Y - 210.000, Z - 90.000$。预置 4#工件坐标系偏移量:$X - 430.000, Y - 330.000, Z - 120.000$。实例数控程序见表 1.2.5。

表 1.2.5　实例数控程序

程序段内容	终点在机床坐标系中的坐标值	注释
N1 G90 G54 G00 X50 Y50	$X - 100, Y - 160$	选择 1#坐标系,快速定位
N2 Z - 70	$Z - 160$	
N3 G01 Z - 72.5 F100	$Z - 162.5$	直线插补,F 值为 100

程序段内容	终点在机床坐标系中的坐标值	注释
N4 X37.4	$X-112.6$	直线插补
N5 G00 Z0	$Z-90$	
N6 X0 Y0 A0	$X-150,Y-210$	
N7 G53 X0 Y0 Z0	$X0,Y0,Z0$	选择使用机床坐标系
N8 G57 X50 Y50	$X-380,Y-280$	选择4#坐标系
N9 Z-70	$Z-190$	
N10 G01 Z-72.5	$Z-192.5$	直线插补,F值为100(模态值)
N11 X37.4	$X-392.6$	
N12 G00 Z0	$Z-120$	
N13 G00 X0 Y0	$X-430,Y-330$	

从以上举例可以看出,G54~G59 指令的作用就是将 NC 所使用的坐标系的原点移动到机床坐标系中坐标值为预置值的点。

在机床的数控编程中,插补指令和其他与坐标值有关的指令中的 IP - 除非有特指外,都是指在当前坐标系中(指令被执行时所使用的坐标系)的坐标位置。大多数情况下,当前坐标系是 G54~G59 之一(G54 为上电时的初始模态),直接使用机床坐标系的情况不多。

3. 坐标平面选择(G17、G18、G19)

G17、G18、G19 为平面选择指令。数控铣床编程平面选择 G17、G18、G19 指令分别用来指定程序段中刀具的插补平面和刀具半径补偿平面。

平面选择指令 G17、G18、G19 分别用来指定程序段中刀具的插补平面和刀具半径补偿平面。G17:选择 XY 平面;G18:选择 XZ 平面;G19:选择 YZ 平面。图 1.2.9 所示为平面选择示意图。

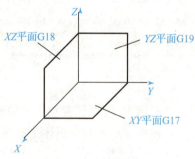

图 1.2.9　坐标平面

七、坐标值与尺寸单位

(一)绝对指令和增量指令(G90、G91)

1. 绝对坐标值编程(G90)

刀具位置的坐标值由一个固定的基准点(即程序原点)确定成为绝对坐标值。如图 1.2.10 所示。

程序原点为 O 点,则 A、B、C 点的绝对坐标分别是 $A(20,15)$、$B(40,45)$、$C(60,25)$。

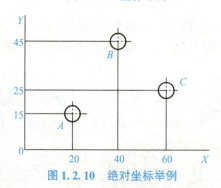

图 1.2.10　绝对坐标举例

G90 是绝对坐标值指令,程序中用 G90 指令规定采用绝对坐标方式编程。如图 1.2.10 中采用绝对编程刀具由 B 点快速移动到 C 点的程序是:

G90 G00 X60.0 Y25.0;

2. 增量坐标编程(G91)

刀具从前一个位置到下一个位置的位移量称为增量坐标值,即一个程序段中刀具移动的距离。增量坐标值与程序原点没有关系,它是刀具在一个程序段运动中终点相对于起点的相对值。如图 1.2.11 所示。

刀具由 O 点运动,走刀路线为 $O \to A \to B \to C$。这时 A 点的增量坐标为($X20,Y20$),B 点的增量坐标为($X20,Y30$),C 点的增量坐标为($X20,Y-20$)。

程序中用 G91 指令规定采用增量方式编程,例如刀具由 B 点快速移动到 C 点的程序是:

G91 G00 X20.0 Y -20.0;

G90、G91 同属于模态码,这两个代码可以互相取代。

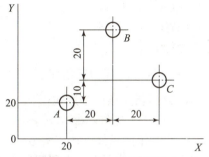

图 1.2.11 相对坐标举例图

(二)尺寸单位选择(G20、G21)

〖格式〗

G20 英制输入(in)

G21 公制输入(mm)

G20、G21 为模态功能,可相互注销。G21 为默认值,由机床厂设定。

机床的各项参数均以公制单位设定,适合加工公制尺寸零件。若程序开始用 G20 指令,则表示程序中相关的数据是英制,但 G20、G21 不能同时使用。另外,尺寸单位选择 G20、G21 指令必须在程序的开始,即设定坐标系前,在一个独立的程序段中单独指定,且在程序执行时不能切换。

(三)直径与半径编程(G36、G37)

直径编程 G36:采用直径编程时,数控程序中 X 轴的坐标值即为零件图上的直径值。

半径编程 G37:采用半径编程,数控程序中 X 轴的坐标值为零件图上的半径值。考虑使用上的方便,一般采用直径编程。CNC 系统默认的编程方式为直径编程。

八、宏程序

用户宏程序是一种类似于高级语言的编程方法,它允许用户使用变量、算术和逻辑运算及条件转移,这使得编制相同的加工程序比传统方式更加方便。同时,也可将某些相同加工操作用宏程序编制成通用程序,供用户循环调用。

(一)条件语句

在程序中,使用 GOTO 语句和 IF 语句可以改变控制的流向。有三种转移和循环操作可供使用:

转移和循环 GOTO 语句(无条件转移)

IF 语句(条件转移:IF…THEN…)
WHILE 语句(当…时循环)

(二)无条件转移(GOTO 语句)

转移到标有顺序号 n 的程序段。当指定 1 ~ 99 999 以外的顺序号时,出现 P/S 报警 No. 128。可用表达式指定顺序号:

```
GOTO n;
```

n:顺序号(1 ~ 99 999)。

〖实例〗

```
GOTO 1;
GOTO #10;
```

(三)条件转移(IF 语句)

IF 之后指定条件表达式:

```
IF[ <条件表达式 >]GOTO n;
```

如果指定的条件表达式满足,则转移到标有顺序号 n 的程序段;如果指定的条件表达式不满足,则执行下一个程序段。如图 1.2.12 所示。

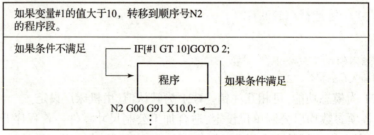

图 1.2.12　条件转移例图

(四)运算符

运算符由两个字母组成,用于两个值的比较,以决定它们是相等还是一个值小于或大于另一个值。注意,不能使用不等号。

EQ(=),NE(≠),GT(>),GE(≥),LT(<),LE(≤)

〖实例〗

下面的程序计算数值 1 ~ 10 的总和:

```
O9500;
#1 = 0;……………………存储和的变量初值
#2 = 1;……………………被加数变量的初值
N1 IF[ #2 GT 10 ]GOTO 2;……当被加数大于 10 时,转移到 N2
#1 = #1 + #2;……………计算和
#2 = #2 + #1;……………下一个被加数
GOTO 1;………………转到 N1
N2 M30;………………程序结束
```

任务2 数控车削编程指令

为简化编程程序段数量,可合理选用简化编程指令,主要包括固定循环指令和多重循环指令。

一、固定循环指令

(一)外径/内径切削固定循环指令(G90)

1. 柱面切削固定循环

〖格式〗
G90 X(U) Z(W) F;

〖说明〗

X、Z:绝对编程时,为切削终点 C 在编程坐标系下的坐标;

U、W:增量值编程时,为切削终点 C 相对于循环起点 A 的有向距离,其符号由轨迹1和2的方向确定;

F:切削进给速度。

〖轨迹动作〗

该指令执行如图1.2.13所示 $A \to B \to C \to D \to A$ 的轨迹动作。

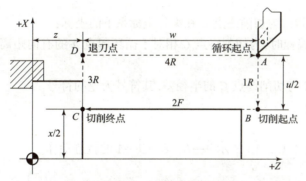

R—快速移动;F—由 F 代码指定的速度。

图1.2.13 轨迹动作图

〖指令应用〗

举例:如图1.2.14所示,毛坯尺寸为 $\phi50$ mm × 70 mm,用 G90 编程,编写出 $\phi40$ mm × 30 mm 圆柱面的数控程序。

以 FANUC 系统为例进行编程,分三刀完成此表面的加工,前两次每次切深2 mm,最后一次切深1 mm,进给速度选择为100 mm/min,主轴转速设定为500 r/min,选择90°右偏外圆刀,设定工件右端面中心为编程原点。数控加工程序见表1.2.6。

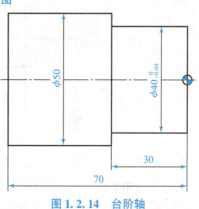

图1.2.14 台阶轴

表 1.2.6 数控加工程序

程序内容	说明	备注
O1	程序名称	
N10 T0101	选择 1 号刀具	
N20 M03 S500 G98	设定主轴转速,设定每分钟进给量	
N30 G00 X100 Z100	快速定位	
N40 X52 Z5	定位至循环点	
N50 G90 X46 Z－30 F100	循环加工 $\phi46$ mm×30 mm 外圆柱面	
N60 X42	循环加工 $\phi42$ mm×30 mm 外圆柱面	
N70 X40	循环加工 $\phi40$ mm×30 mm 外圆柱面	
N80 G00 X100 Z100 M05	快速退回,主轴停转	
N90 M30	程序结束	

2. 锥面切削固定循环

〖格式〗

G90 X(U)_ Z(W)_ R_ F_;

〖说明〗

X、Z:绝对编程时,为切削终点 C 在编程坐标系下的坐标;

U、W:增量值编程时,为切削终点 C 相对于循环起点 A 的有向距离,其符号由轨迹 1 和 2 的方向确定;

R:切削起点 B 与切削终点 C 的半径差,其符号为差的符号。

F:切削进给速度。

〖轨迹动作〗

该指令执行如图 1.2.15 所示 A→B→C→D→A 的轨迹动作。

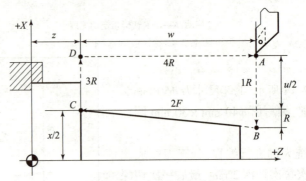

R—快速移动;F—由 F 代码指定的速度。

图 1.2.15 轨迹动作图

〖指令应用〗

举例:如图 1.2.16 所示,毛坯尺寸为 $\phi50$ mm×70 mm,用 G90 编程,编写出大端直径

为 $\phi40$ mm,小端直径为 $\phi34$ mm,锥长为 30 mm 的圆锥面的数控程序。

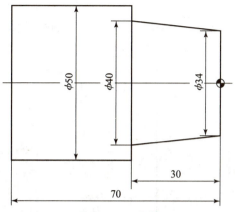

图 1.2.16 锥轴

以 FANUC 系统为例进行编程,分三刀完成此表面的加工,前两次每次切深 2 mm,最后一次切深 1 mm,进给速度选择为 100 mm/min,主轴转速设定为 500 r/min,选择 90°右偏外圆刀,设定工件右端面中心为编程原点。参考程序见表 1.2.7。

表 1.2.7 数控加工程序

程序内容	说明	备注
O1	程序名称	
N10 T0101	选择 1 号刀具	
N20 M03 S500 G98	设定主轴转速,设定每分钟进给量	
N30 G00 X100 Z100	快速定位	
N40 X52 Z5	定位至循环点	
N50 G90 X46 Z-30 R-3.5 F100	循环加工大端 $\phi46$ mm 外圆锥面	
N60 X42	循环加工大端 $\phi42$ mm 外圆锥面	
N70 X40	循环加工大端 $\phi40$ mm 外圆锥面	
N80 G00 X100 Z100 M05	快速退回,主轴停转	
N90 M30	程序结束	

(二)端面车削固定循环指令(G94)

1. 平端面切削固定循环

〖格式〗

G94 X(U)_Z(W)_F_;

〖说明〗

X、Z:绝对编程时,为切削终点 C 在编程坐标系下的坐标;

U、W:增量值编程时,为切削终点 C 相对于循环起点 A 的有向距离,其符号由轨迹 1 和 2 的方向确定;

F:切削进给速度。

〖轨迹动作〗

该指令执行如图 1.2.17 所示 $A \to B \to C \to D \to A$ 的轨迹动作。

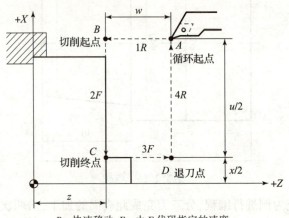

R—快速移动；F—由 F 代码指定的速度。

图 1.2.17　轨迹动作图

〖指令应用〗

举例:毛坯尺寸为 $\phi50$ mm $\times 70$ mm,用 G94 编程,编写出车平端面的数控程序。

以 FANUC 系统为例进行编程,进给速度选择为 50 mm/min,主轴转速设定为 500 r/min,选择端面刀,设定工件右端面中心为编程原点。参考程序见表 1.2.8。

表 1.2.8　数控加工程序

程序内容	说明	备注
O1	程序名称	
N10 T0202	选择 2 号刀具	
N20 M03 S500 G98	设定主轴转速,设定每分钟进给量	
N30 G00 X100 Z100	快速定位	
N40 X52 Z5	定位至循环点	
N50 G94 X0 Z0 F50	循环加工平端面	
N60 G00 X100 Z100 M05	快速退回,主轴停转	
N70 M30	程序结束	

2. 锥端面切削固定循环

〖格式〗

G94 X(U)_Z(W)_R_F_;

〖说明〗

X、Z:绝对编程时,为切削终点 C 在编程坐标系下的坐标;

U、W:增量值编程时,为切削终点 C 相对于循环起点 A 的有向距离,其符号由轨迹 1 和 2 的方向确定;

F:切削进给速度；

R:切削起点 B 相对于切削终点 C 的 Z 向有向距离。

〖轨迹动作〗

该指令执行如图 1.2.18 所示 $A→B→C→D→A$ 的轨迹动作。

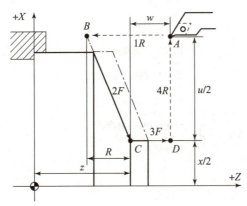

R—快速移动；F—由 F 代码指定的速度。

图 1.2.18 轨迹动作图

〖指令应用〗

举例:如图 1.2.19 所示,毛坯尺寸为 $\phi50$ mm $\times 47$ mm,用 G94 编程,编写出车锥端面的数控程序。

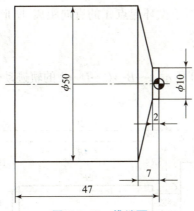

图 1.2.19 锥端面

以 FANUC 系统为例进行编程,进给速度选择为 50 mm/min,主轴转速设定为 500 r/min,选择端面刀,前两次切深为 3 mm,最后一次切深为 1 mm,设定工件右端面中心为编程原点。参考程序见表 1.2.9。

表 1.2.9 数控加工程序

程序内容	说明	备注
O1	程序名称	
N10 T0202	选择 2 号刀具	

程序内容	说明	备注
N20 M03 S500 G98	设定主轴转速,设定每分钟进给量	
N30 G00 X100 Z100	快速定位	
N40 X52 Z5	定位至循环点	
N50 G94 X10 Z2 R－5 F50	循环加工锥端面	
N60 Z－1	循环加工锥端面	
N70 Z－2	循环加工锥端面	
N80 G00 X100 Z100 M05	快速退回,主轴停转	
N90 M30	程序结束	

(三)螺纹车削简单循环指令(G92)

1. 直螺纹切削固定循环

〖格式〗

G92 X(U)_ Z(W)_ F_;

〖说明〗

X、Z:绝对编程时,为螺纹终点 C 在编程坐标系下的坐标;

U、W:为螺纹终点 C 相对于循环起点 A 的有向距离,图形中用 U、W 表示。

F:螺纹导程。

〖轨迹动作〗

该指令执行如图 1.2.20 所示 $A \rightarrow B \rightarrow C \rightarrow D \rightarrow A$ 的轨迹动作。

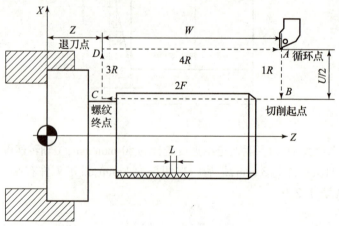

R—快速移动;F—由 F 代码指定的速度。

图 1.2.20 轨迹动作

〖指令应用〗

举例:如图 1.2.21 所示,毛坯尺寸为 $\phi 50 \text{ mm} \times 75 \text{ mm}$,用 G92 编程,其他表面已加工

完成,仅需编写出 M30 ×2 圆柱螺纹的数控程序。

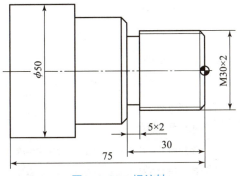

图 1.2.21　螺纹轴

以 FANUC 系统为例进行编程,主轴转速设定为 500 r/min,选择外螺纹刀,螺纹进给次数及切削深度可以参考螺纹进给次数及切削深度表,见表 1.2.10;车削外螺纹公称直径时,根据塑性材料变形的特点,须事先将该直径车小 0.1 ~ 0.2 mm;按经验公式,外螺纹小径 $d_小$ = 公称直径 $d_公$ − (1.2 ~ 1.3)螺距 P,参考程序见表 1.2.11。

表 1.2.10　螺纹进给次数及切削深度

米制螺纹							
螺距	1.0	1.5	2	2.5	3	3.5	4
牙深(半径量)	0.649	0.974	1.299	1.624	1.949	2.273	2.598
切削次数及吃刀量(直径量) 1 次	0.7	0.8	0.9	1.0	1.2	1.5	1.5
2 次	0.4	0.6	0.6	0.7	0.7	0.7	0.8
3 次	0.2	0.4	0.6	0.6	0.6	0.6	0.6
4 次		0.16	0.4	0.4	0.4	0.6	0.6
5 次			0.1	0.4	0.4	0.4	0.4
6 次				0.15	0.4	0.4	0.4
7 次					0.2	0.2	0.4
8 次						0.15	0.3
9 次							0.2
英制螺纹							
牙/in	24	18	16	14	12	10	8
牙深(半径量)	0.678	0.904	1.016	1.162	1.355	1.626	2.033
切削次数及吃刀量(直径量) 1 次	0.8	0.8	0.8	0.8	0.9	1.0	1.2
2 次	0.4	0.6	0.6	0.6	0.6	0.7	0.7
3 次	0.16	0.3	0.5	0.5	0.6	0.6	0.6

表 1.2.11 数控加工程序

程序内容	说明	备注
O1	程序名称	
N10 T0303	选择 3 号刀具	
N20 M03 S500 G98	设定主轴转速,设定每分钟进给量	
N30 G00 X100 Z100	快速定位	
N40 X35 Z5	定位至循环点	
N50 G92 X29.1 Z－27 F2	循环加工直径 X29.1、长度 27 的柱面螺纹	
N60 X28.5	循环加工直径 X28.5、长度 27 的柱面螺纹	
N70 X27.9	循环加工直径 X27.9、长度 27 的柱面螺纹	
N80 X27.5	循环加工直径 X27.5、长度 27 的柱面螺纹	
N90 X27.4	循环加工直径 X27.4、长度 27 的柱面螺纹	
N100 G00 X100 Z100 M05	快速退回,主轴停转	
N110 M30	程序结束	

2. 锥螺纹切削固定循环

〖格式〗

G92 X(U)_Z(W)_R_F_;

〖说明〗

X、Z:绝对编程时,为螺纹终点 C 在编程坐标系下的坐标;

U、W:增量值编程时,为螺纹终点 C 相对于循环起点 A 的有向距离,图形中用 U、W 表示;

R:为螺纹起点 B 与螺纹终点 C 的半径差,其符号为差的符号;

F:螺纹导程。

〖轨迹动作〗

该指令执行如图 1.2.22 所示 A→B→C→D→A 的轨迹动作。

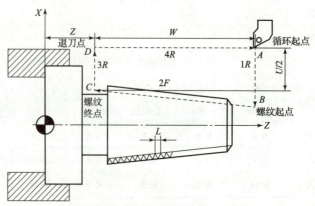

R—快速移动;F—由 F 代码指定的速度。

图 1.2.22 轨迹动作图

〖指令应用〗

举例:如图 1.2.23 所示,毛坯尺寸为 φ50 mm×75 mm,用 G92 编程,其他表面已加工完成,仅需编写出 M30×2 圆锥螺纹的数控程序,参考程序见表 1.2.12。

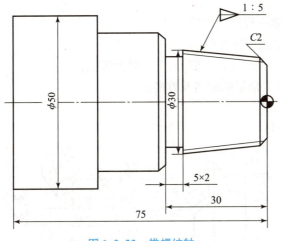

图 1.2.23 锥螺纹轴

表 1.2.12 数控加工程序

程序内容	说明	备注
O1	程序名称	
N10 T0303	选择 3 号刀具	
N20 M03 S500 G98	设定主轴转速,设定每分钟进给量	
N30 G00 X100 Z100	快速定位	
N40 X35 Z5	定位至循环点	
N50 G92 X29.1 Z−27 R−3.2 F2	循环加工直径 $X29.1$、长度 27 的锥面螺纹	
N60 X28.5	循环加工直径 $X28.5$、长度 27 的锥面螺纹	
N70 X27.9	循环加工直径 $X27.9$、长度 27 的锥面螺纹	
N80 X27.5	循环加工直径 $X27.5$、长度 27 的锥面螺纹	
N90 X27.4	循环加工直径 $X27.4$、长度 27 的锥面螺纹	
N100 G00 X100 Z100 M05	快速退回,主轴停转	
N110 M30	程序结束	

二、复合循环指令

(一)内外径车削复合循环指令(G71/G70)

〖格式〗

```
G71 U(△d) R(e);
```

G71 P(ns) Q(nf) U(△u) W(△w) F__;

〖说明〗

△d:切削深度(每次切削量),半径值;

e:每次退刀量;

ns:精加工路径第一程序段的顺序号;

nf:精加工路径最后程序段的顺序号;

△u:X方向精加工余量,直径值,加工孔时为负值;

△w:Z方向精加工余量的距离及方向。

〖轨迹动作〗

如图 1.2.24 所示。

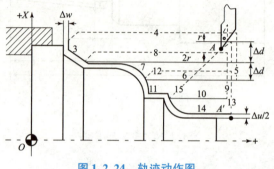

图 1.2.24 轨迹动作图

〖指令应用〗

举例:如图 1.2.25 所示,毛坯尺寸为 $\phi60$ mm × 120 mm,用 G71 编程,编写出数控程序,见表 1.2.13。

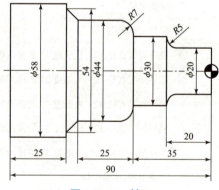

图 1.2.25 轴 A

表 1.2.13 数控加工程序

程序内容	说明	备注
O1	程序名称	
N10 T0101	选择 1 号刀具	
N20 M03 S500 G98	设定主轴转速,设定每分钟进给量	

程序内容	说明	备注
N30 G00 X100 Z100	快速定位	
N40 X65 Z5	定位至循环点	
N50 G71 U2 R1	设定切深 2 mm,退刀 1 mm	
N60 G71 P70 Q160 U0.5 W0.1 F100	设定精加工循环为 N70~N160,并留精加工余量,直径方向为 0.5 mm,长度方向为 0.1 mm,粗加工进给速度为 100 mm/min	
N70 G00 X20	精加工轮廓	
N80 G01 Z−15 F50	精加工轮廓	
N90 G02 X30 Z−20 R5	精加工轮廓	
N100 G01 Z−35	精加工轮廓	
N110 G03 X44 Z−42R7	精加工轮廓	
N120 G01 Z−60	精加工轮廓	
N130 X54 Z−70	精加工轮廓	
N140 X58	精加工轮廓	
N150 Z−90	精加工轮廓	
N160 G01 X65	精加工轮廓	
N170 G00 X100 Z100 M05	快速退回,主轴停转	
N180 M30	程序结束	

(二)端面车削复合循环指令(G72/G70)

〖格式〗

G72 W(△d) R(e);

G72 P(ns) Q(nf) U(△u) W(△w) F__;

〖说明〗

△d:切削深度,指定时不加符号;

e:每次退刀量;

ns:精加工路径第一程序段的顺序号;

nf:精加工路径最后程序段的顺序号;

△u:X 方向精加工余量,直径值,加工孔时为负值;

△w:Z 方向精加工余量的距离及方向。

〖轨迹动作〗

如图 1.2.26 所示。

〖指令应用〗

举例:如图 1.2.27 所示,毛坯尺寸为 φ105 mm×70 mm,用 G72 编程,编写出的数控程序见表 1.2.14。

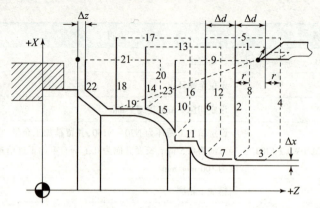

图 1.2.26 轨迹动作图

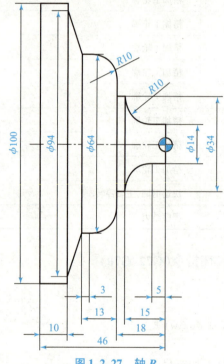

图 1.2.27 轴 B

表 1.2.14 数控加工程序

程序内容	说明	备注
O1	程序名称	
N10 T0101	选择 1 号刀具	
N20 M03 S500 G98	设定主轴转速,设定每分钟进给量	
N30 G00 X150 Z100	快速定位	
N40 X107 Z5	定位至循环点	

程序内容	说明	备注
N50 G72 U2 R1	设定切深 2 mm,退刀 1 mm	
N60 G72 P70 Q170 U0.5 W0.1 F100	设定精加工循环为 N70~N170,并留精加工余量,直径方向为 0.5 mm,长度方向为 0.1 mm,粗加工进给速度为 100 mm/min	
N70 G00 Z-46	精加工轮廓	
N80 G01 X100 F50	精加工轮廓	
N90 G01 Z-36	精加工轮廓	
N100 X94	精加工轮廓	
N110 X64 Z-31	精加工轮廓	
N120 Z-28	精加工轮廓	
N130 G03 X44 Z-18 R10	精加工轮廓	
N140 G01 X34	精加工轮廓	
N150 Z-15	精加工轮廓	
N160 G02 X14 Z-5 R10	精加工轮廓	
N170 G01 Z5	精加工轮廓	
N180 G00 X150 Z100 M05	快速退回,主轴停转	
N190 M30	程序结束	

(三)轮廓车削复合循环指令(G73/G70)

〖格式〗

G73 U($\triangle$i) W($\triangle$k) R($\triangle$d);

G73 P(ns) Q(nf) U($\triangle$u) W($\triangle$w) F___;

〖说明〗

$\triangle$i:X 向最大总切削深度,半径值;

$\triangle$k:Z 向最大总切深量;

$\triangle$d:重复加工次数;

ns:精加工路径第一程序段的顺序号;

nf:精加工路径最后程序段的顺序号;

$\triangle$u:X 方向精加工余量,直径值,加工孔时为负值;

$\triangle$w:Z 方向精加工余量的距离及方向。

〖轨迹动作〗

如图 1.2.28 所示。

〖指令应用〗

举例:如图 1.2.29 所示,毛坯尺寸为 ϕ60 mm×120 mm,用 G73 编程,编写出的数控程序见表 1.2.15。

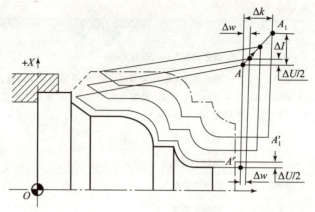

图 1.2.28 轨迹动作图

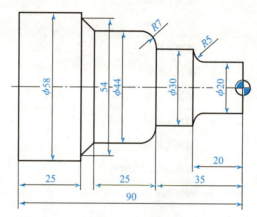

图 1.2.29 轴 C

表 1.2.15 数控加工程序

程序内容	说明	备注
O1	程序名称	
N10 T0101	选择 1 号刀具	
N20 M03 S500 G98	设定主轴转速,设定每分钟进给量	
N30 G00 X100 Z100	快速定位	
N40 X65 Z5	定位至循环点	
N50 G73 U5 W5 R5	设定切深 2 mm,退刀 1 mm	
N60 G73 P70 Q160 U0.2 W0.1 F100	设定精加工循环为 N70~N160,并留精加工余量,直径方向为 0.5 mm,长度方向为 0.1 mm,粗加工进给速度为 100 mm/min	
N70 G00 X20	精加工轮廓	
N80 G01 Z-15 F50	精加工轮廓	
N90 G02 X30 Z-20 R5	精加工轮廓	

程序内容	说明	备注
N100 G01 Z−35	精加工轮廓	
N110 G03 X44 Z−42 R7	精加工轮廓	
N120 G01 Z−60	精加工轮廓	
N130 X54 Z−70	精加工轮廓	
N140 X58	精加工轮廓	
N150 Z−90	精加工轮廓	
N160 G01 X65	精加工轮廓	
N170 G00 X100 Z100 M05	快速退回,主轴停转	
N180 M30	程序结束	

(四)螺纹车削复合循环指令(G76/G70)

〖格式〗

G76 P(m)(r)(a) Q(△dmin) R(d);

G76 X(u) Z(w) R(i) P(k) Q(△d) F(l);

〖说明〗

m:精车削次数,必须用两位数,范围为01~99;

r:螺纹末端倒角量,必须用两位数表示,范围为00~99。

a:刀尖的角度;

△dmin:最小切削深度;

d:精加工余量,孔加工时为负;

X,Z:绝对值编程时,为有效螺纹终点 C 的坐标;

u,w:增量值编程时,为有效螺纹终点 C 相对于循环起点 A 的有向距离;

i:螺纹两端的半径差;

k:螺纹高度;

△d:第一次切削深度(半径值);

F(l):螺纹导程。

每次递减切削深度如图1.2.30所示。

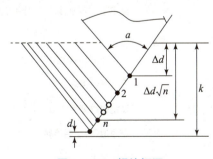

图 1.2.30　螺纹切深

〖轨迹动作〗

如图 1.2.31 所示。

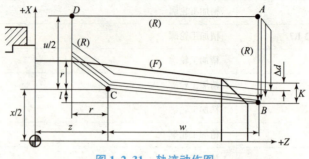

图 1.2.31　轨迹动作图

〖指令应用〗

举例:毛坯尺寸为 $\phi50\ mm \times 100\ mm$,用 G76 编程,编写出图 1.2.32 所示螺纹轴 A 的螺纹数控程序见表 1.2.16。

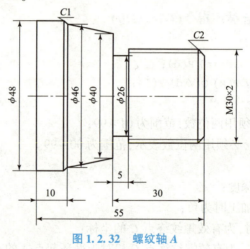

图 1.2.32　螺纹轴 A

表 1.2.16　数控加工程序

程序内容	说明	备注
O1	程序名称	
N10 T0303	选择 3 号刀具	
N20 M03 S500 G98	设定主轴转速,设定每分钟进给量	
N30 G00 X100 Z100	快速定位	
N40 X35 Z5	定位至循环点	
N50 G76 P010260 Q100 R0.1	设定螺纹循环参数	
N60 G76 X27.4 Z－27 R0 P1300 Q0.5 F2	设定螺纹牙底参数	
N170 G00 X100 Z100 M05	快速退回,主轴停转	
N180 M30	程序结束	

（五）精车循环指令

G71、G72、G73 粗切后，用下面的指令实现精加工。

〖格式〗

G70 P(ns) Q(nf)

〖说明〗

（ns）：精加工程序第一个程序段的顺序号；

（nf）：精加工程序最后一个程序段的顺序号。

注：

①在 G71、G72、G73 程序段中规定的 F、S 和 T 功能无效，但在执行 G70 时，顺序号"ns"和"nf"之间指定的 F、S 和 T 有效。

②当 G70 循环加工结束时，刀具返回到起点并读下一个程序段。

③G70～G73 中，ns～nf 间的程序段不能调用子程序。

三、刀具补偿功能

〖格式〗

G40/G41/G42 G00/G01 X_ Z_;

刀尖半径加工过程如图 1.2.33 所示。

〖说明〗

G41：左刀补，刀具从程序路径左侧移动；

G42：右刀补，刀具从程序路径右侧移动；

G40：取消补偿。

补偿的原则取决于刀尖圆弧中心的动向，它总是与切削表面法向的半径矢量不重合。因此，补偿的基准点是刀尖中心。通常，刀具长度和刀尖半径的补偿是以一个假想的刀刃为基准，因此为测量带来一些困难。把这个原则用于刀具补偿，应当分别以 X 和 Z 的基准点来测量刀具长度

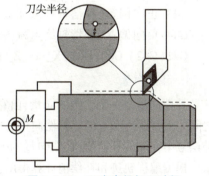

图 1.2.33　刀尖半径加工过程

刀尖半径 R，以及用于假想刀尖半径补偿所需的刀尖形式数（0～9），如图 1.2.34 所示。

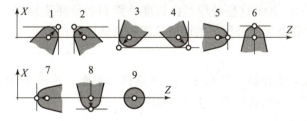

图 1.2.34　刀尖形式

〖注意事项〗

"刀尖半径偏置"应当用 G00 或者 G01 功能来下达命令或取消。不论这个命令是不是带圆弧插补，刀不会正确移动，导致它逐渐偏离所执行的路径。因此，刀尖半径偏置的

命令应当在切削进程启动之前完成;并且能够防止从工件外部起刀带来的过切现象。反之,要在切削进程之后用移动命令来执行偏置的取消过程。

任务3　数控铣削编程指令

一、刀具补偿功能

(一)刀具半径补偿定义

当使用加工中心机床进行内、外轮廓的铣削时,希望能够以轮廓的形状作为编程轨迹,这时,刀具中心的轨迹应该是这样的:能够使刀具中心在编程轨迹的法线方向上与编程轨迹的距离始终等于刀具的半径。这样的功能可以由 G41 或 G42 指令来实现。

〖格式〗

G41(G42)D_;

〖说明〗

G17:刀具长度补偿轴为 Z 轴;

G18:刀具长度补偿轴为 Y 轴;

G19:刀具长度补偿轴为 X 轴;

G49:取消刀具长度补偿;

G43:正向偏置(补偿轴终点加上偏置值);

G44:负向偏置(补偿轴终点减去偏置值);

G41(G42) G00(G01)X_ Y_ Z_ D_的参数即刀补建立或取消的终点。

1. 补偿向量

补偿向量是一个二维的向量,由它来确定进行刀具半径补偿时,实际位置与编程位置之间的偏移距离和方向。补偿向量的模即实际位置和补偿位置之间的距离,始终等于指定补偿号中存储的补偿值,补偿向量的方向始终为编程轨迹的法线方向。该编程向量由 NC 系统根据编程轨迹和补偿值计算得出,并由此控制刀具(X、Y 轴)的运动来完成补偿过程。

2. 补偿值

在 G41 或 G42 指令中,地址 D 指定了一个补偿号,每个补偿号对应一个补偿值。补偿号的取值范围为 0~200,这些补偿号由长度补偿和半径补偿共用。和长度补偿一样,D00 意味着取消半径补偿。补偿值的取值范围和长度补偿相同。

3. 平面选择

刀具半径补偿只能在被 G17、G18 或 G19 选择的平面上进行,在刀具半径补偿的模态下,不能改变平面的选择,否则出现 P/S37 报警。

4. G40、G41 和 G42

G40 用于取消刀具半径补偿模态,G41 为左向刀具半径补偿,G42 为右向刀具半径补偿。在这里所说的左和右是指沿刀具运动方向而言的。G41 和 G42 的区别如图 1.2.35 所示。

5. 利用半径补偿进行粗精加工

步骤：

①根据切削方向和顺逆铣确定左、右刀补。

②要根据零件的毛坯余量和所选用的刀

图 1.2.35　左右刀补图

具直径来确定刀补的数值。刀具直径和余量不同时，直接改变刀补的数值。

③根据刀具及工件材料的切削加工性，确定粗加工的最大侧吃刀量和精加工的精加工余量，从而确定分几刀加工完成。（铣刀最大侧吃刀量一般为铣刀直径的 3/4。）

6. 使用刀具半径补偿的注意事项

在指定了刀具半径补偿模态及非零的补偿值后，第一个在补偿平面中产生运动的程序段为刀具半径补偿开始的程序段，在该程序段中，不允许出现圆弧插补指令，否则，NC 会给出 P/S34 号报警。在刀具半径补偿开始的程序段中，补偿值从零均匀变化到给定的值。同样的情况出现在刀具半径补偿被取消的程序段中，即补偿值从给定值均匀变化到零，所以，在这两个程序段中，刀具不应接触到工件。

7. 使用刀具半径补偿时应避免过切削现象

这又包括以下三种情况：

①使用刀具半径补偿和取消刀具半径补偿时，刀具必须在所补偿的平面内移动，移动距离应大于刀具补偿值。

②加工半径小于刀具半径的内圆弧时，进行半径补偿将产生过切削，只有过渡圆角 $R \geq$ 刀具半径 $r +$ 精加工余量的情况下才能正常切削。

③被铣削槽底宽小于刀具直径时，将产生过切削。

(二) 刀具长度补偿 (G43、G44、G49)

使用 G43(G44) H_;指令可以将 Z 轴运动的终点向正或负向偏移一段距离，这段距离等于 H 指令的补偿号中存储的补偿值。G43 或 G44 是模态指令，H_指定的补偿号也是模态的。使用这条指令，编程人员在编写加工程序时就可以不必考虑刀具的长度，而只需考虑刀尖的位置即可。刀具磨损或损坏后更换新的刀具时，也不需要更改加工程序，可以直接修改刀具补偿值。

G43 指令为刀具长度补偿 +，也就是说，Z 轴到达的实际位置为指令值与补偿值相加的位置；G44 指令为刀具长度补偿 -，也就是说，Z 轴到达的实际位置为指令值减去补偿值的位置。H 的取值范围为 00 ~ 200。H00 意味着取消刀具长度补偿值。取消刀具长度补偿的另一种方法是使用指令 G49。NC 执行到 G49 指令或 H00 时，立即取消刀具长度补偿，并使 Z 轴运动到不加补偿值的指令位置。

补偿值的取值范围是 - 999.999 ~ 999.999 mm 或 - 99.9999 ~ 99.999 9 in。

二、简化编程指令

在日常编程过程中，会遇到这样或那样的零件，有些零件比较简单，有些零件比较复杂，但是有些零件看上去却是有规律可循，例如：有些零件的形状相对于零件的某个点是对称的，这个点就是零件的对称中心；有些零件是相对于某个位置呈角度变化关系的，或者说,是相对于某个点呈角度变化关系;也有些零件是形状相同但是大小相互之间相差某个比例系数,对于这些有规律可循的零件,如果按照日常的编程方法和步骤一步一步地编写,势必会觉得很复杂,程序很多,需要计算很多的基点坐标。这时我们引入了简化编程指令,目的就是解决这种有一定规律的零件的编程方法,避免了常规编程造成的复杂计算量的问题,仅仅调用某个字程序,通过简化指令就能够完成只是形状相同但是位置按照某种规律变化的零件的编程。

(一)镜像功能(G51.1、G50.1)

基本理论:

〖格式〗

G51.1 X_Y_Z_A_

M98 P_

G50.1 X_Y_Z_A_

〖说明〗

G51.1:建立镜像;

G50.1:取消镜像;

X、Y、Z、A:镜像位置。

当工件相对于某一轴具有对称形状时,可以利用镜像功能和子程序只对工件的一部分进行编程,就能加工出工件的对称部分,这就是镜像功能。

当某一轴的镜像有效时,该轴执行与编程方向相反的运动。

G51.1、G50.1 为模态指令,可相互注销,G50.1 为默认值。

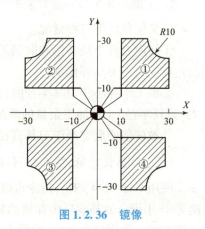

图 1.2.36 镜像

〖实例〗

使用镜像功能编制如图 1.2.36 所示轮廓的加工程序,参考程序见表 1.2.17。

设刀具起点距工件上表面 100 mm,切削深度 5 mm。

表 1.2.17 数控加工程序

程序内容	说明	备注
G91 G17 M03 S600	加工开始	
M98 P100	加工件 1	
G51.1 Y0	建立 X 轴镜像	
M98 P100	加工 2	
G51.1 X0	建立 Y 轴镜像	
M98 P100	加工 3	
G50.1 X0	取消 Y 轴镜像	
M98 P100	加工 4	

（二）缩放功能（G51、G50）

〖格式〗

```
G51 X_ Y_ Z_ P_
M98 P_
G50
```

〖说明〗

G51:建立缩放；

G50:取消缩放；

X、Y、Z:缩放中心的坐标值；

P:缩放倍数。

G51 既可指定平面缩放，也可指定空间缩放。

在 G51 后，运动指令的坐标值以（X,Y,Z）为缩放中心，按 P 规定的缩放比例进行计算。

在有刀具补偿的情况下，先进行缩放，然后才进行刀具半径补偿、刀具长度补偿。

G51、G50 为模态指令，可相互注销，G50 为默认值。

〖实例〗使用缩放功能编制如图 1.2.37 所示轮廓的加工程序，参考程序见表 1.2.18。

已知三角形 ABC 的顶点为 $A(10,30)$，$B(90,30)$，$C(50,110)$，三角形 $A'B'C'$ 是缩放后的图形，其中缩放中心为 $D(50,50)$，缩放系数为 0.5，设刀具起点距工件上表面 50 mm。

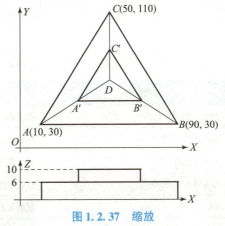

图 1.2.37 缩放

表 1.2.18 数控加工程序

程序内容	说明	备注
M98 P100	加工三角形 ABC	
G51 X50 Y50 P0.5	缩放中心(50,50)，缩放系数0.5	
M98 P100	加工三角形 $A'B'C'$	
G50	取消缩放	
M30	程序结束	

（三）旋转功能（G68、G69）

旋转变换指令包括 G68 和 G69。G68 为坐标旋转功能指令，G69 为取消坐标旋转功能指令。应用旋转变换指令时，要指定坐标平面，系统默认值为 G17，即在 XY 平面上。

〖格式〗

```
G68 X_Y_R_;
G69;
```

〚说明〛

X_Y_:XY 平面内的旋转中心坐标;

R:旋转角度,单位为度(°),其取值范围为 0≤R≤360.000°。

其他平面内旋转变换指令格式相同,只要把坐标轴做相应的变更就可以了。

零件如图 1.2.38 所示,加工外轮廓。参考程序见表 1.2.19。

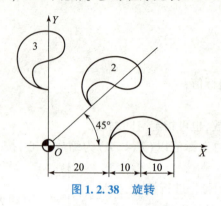

图 1.2.38　旋转

表 1.2.19　数控加工程序

程序内容	说明	备注
M98 P2000	加工图形 1	
G68 X0 Y0 R45	以(X0,Y0)为中心逆时针旋转 45°	
M98 P2000	加工图形 2	
G68 X0 Y0 R90	以(X0,Y0)为中心逆时针旋转 90°	
G69	取消旋转	

三、孔加工固定循环

应用孔加工固定循环功能,使得其他方法需要几个程序段完成的功能,在一个程序段内就能完成。所有孔加工固定循环见表 1.2.20。一般地,一个孔加工固定循环完成以下 6 步操作,如图 1.2.39 所示。

①X、Y 轴快速定位。

②Z 轴快速定位到 R 点。

③孔加工。

④孔底动作。

⑤Z 轴返回 R 点。

⑥Z 轴快速返回初始点。

图 1.2.39　孔循环

(一)固定循环指令(G73、G74、G76、G80 ~ G89)

根据孔的长径比,可以把孔分为一般孔和深孔。根据孔的精度,可以把孔分为一般孔和高精度孔。还可以把孔分为光孔和螺纹孔。这些孔的加工有各自的工艺特点。数控铣床不仅可以完成铣削加工任务,还可以进行钻孔、镗孔和攻丝加工。为此,数控铣床系统提供了多种适用于不同情况下的孔加工固定循环指令。

表 1.2.20　孔加工固定循环

G 代码	加工运动 (Z 轴负向)	孔底动作	返回运动 (Z 轴正向)	应用
G73	分次,切削进给	—	快速定位进给	高速深孔钻削
G74	切削进给	暂停 – 主轴正转	切削进给	左螺纹攻丝
G76	切削进给	主轴定向,让刀	快速定位进给	精镗循环
G80	—	—	—	取消固定循环
G81	切削进给	—	快速定位进给	普通钻削循环
G82	切削进给	暂停	快速定位进给	钻削或粗镗削
G83	分次,切削进给	—	快速定位进给	深孔钻削循环
G84	切削进给	暂停 – 主轴反转	切削进给	右螺纹攻丝
G85	切削进给	—	切削进给	镗削循环
G86	切削进给	主轴停	快速定位进给	镗削循环
G87	切削进给	主轴正转	快速定位进给	反镗削循环
G88	切削进给	暂停 – 主轴停	手动	镗削循环
G89	切削进给	暂停	切削进给	镗削循环

R 值用来确定安全平面(R 点平面),如图 1.2.40 所示。R 点平面高于工件表面。在 G90 方式下,R 值为绝对值;在 G91 方式下,R 值为从初始平面(B 点平面)到 R 点平面的增量。

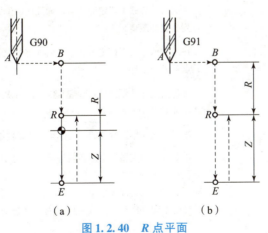

（a）　　　　　（b）

图 1.2.40　R 点平面

一般地,如果被加工的孔在一个平整的平面上,可以使用 G99 指令,因为 G99 模态下返回 R 点进行下一个孔的定位,而一般编程中 R 点非常靠近工件表面,这样可以缩短零件加工时间,但当工件表面有高于被加工孔的凸台或筋时,使用 G99 时非常有可能使刀具和工件发生碰撞,这时就应该使用 G98,使 Z 轴返回初始点后再进行下一个孔的定位,这样就比较安全。如图 1.2.41(a)、图 1.2.41(b)所示。

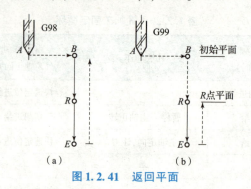

图 1.2.41 返回平面

(二)固定循环指令格式

在 G73/G74/G76/G81 ~ G89 后面给出孔加工参数,格式如下:

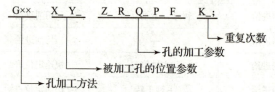

各地址指定的加工参数的含义见表 1.2.21。

表 1.2.21 各地址指定的加工参数的含义

参数	含义
孔加工方式 G	见表 1.2.20
被加工孔位置参数 X、Y	以增量值方式或绝对值方式指定被加工孔的位置,刀具向被加工孔运动的轨迹和速度与 G00 的相同
孔加工参数 Z	在绝对值方式下指定沿 Z 轴方向孔底的位置,增量值方式下指定从 R 点到孔底的距离
孔加工参数 R	在绝对值方式下指定沿 Z 轴方向 R 点的位置,增量值方式下指定从初始点到 R 点的距离
孔加工参数 Q	用于指定深孔钻循环 G73 和 G83 中的每次进刀量,精镗循环 G76 和反镗循环 G87 中的偏移量(无论是 G90 还是 G91 模态,总是增量值指令)
孔加工参数 P	用于孔底动作有暂停的固定循环中指定暂停时间,单位为秒
孔加工参数 F	用于指定固定循环中的切削进给速率,在固定循环中,从初始点到 R 点及从 R 点到初始点的运动以快速进给的速度进行,从 R 点到 Z 点的运动以 F 指定的切削进给速度进行,而从 Z 点返回 R 点的运动则根据固定循环的不同,可能以 F 指定的速率或快速进给速率进行
重复次数 K	指定固定循环在当前定位点的重复次数,如果不指令 K,NC 认为 K = 1;如果指令 K0,则固定循环在当前点不执行

由 G×× 指定的孔加工方式是模态的,如果不改变当前的孔加工方式模态或取消固定循环,孔加工模态会一直保持下去。使用 G80 或 01 组的 G 指令可以取消固定循环。孔加工参数也是模态的,在被改变或固定循环被取消之前也会一直保持,即使孔加工模态被改变。可以在指令一个固定循环时或执行固定循环中的任何时候指定或改变任何一个孔加工参数。

重复次数 K 不是一个模态的值,它只在需要重复的时候给出。进给速率 F 则是一个模态的值,即使固定循环取消后,它仍然会保持。

如果正在执行固定循环的过程中 NC 系统被复位,则孔加工模态、孔加工参数及重复次数 K 均被取消。

(三)孔循环指令格式

1. G73(高速深孔钻削循环)

G73:高速深孔钻削循环指令,如图 1.2.42 所示。G73 指令是在钻孔时间断进给,有利于断屑和排屑,适于深孔加工。其中 q 为分步切深,最后一次进给深度≤q,退刀距离为 d(由系统内部设定)。

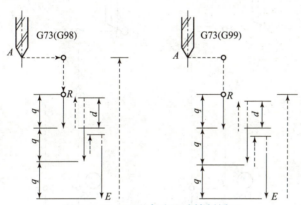

图 1.2.42 G73 高速深孔钻削循环

在高速深孔钻削循环中,从 R 点到 Z 点的进给是分段完成的,每段切削进给完成后,Z 轴向上抬起一段距离,然后再进行下一段的切削进给。Z 轴每次向上抬起的距离为 d,由531#参数给定,每次进给的深度由孔加工参数 Q 给定。该固定循环主要用于径深比小的孔(如 $\phi5$ mm,深 70 mm)的加工,每段切削进给完毕后,Z 轴抬起的动作起到了断屑的作用。

2. G74:左旋攻螺纹循环指令、

如图 1.2.43 所示,主轴在 R 点反向切削至 E 点,正转退刀。

在使用左螺纹攻丝循环时,循环开始以前,必须给出 M04 指令使主轴反转,并且使 F 与 S 的比值等于螺距。另外,在 G74 或 G84 循环进行中,进给倍率开关和进给保持开关的作用将被忽略,即进给倍率被保持在 100%,而且在一个固定循环执行完毕之前,不能中途停止。

3. G76:精镗孔循环指令

如图 1.2.44 所示。执行 G76 指令精镗至孔底后,有三个孔底动作:进给暂停(P)、主轴准停即定向停止(OSS)及刀具偏移 q 距离,然后刀具退出,这样可使刀尖不划伤精镗表面。

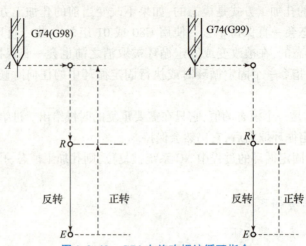

图 1.2.43 G74 左旋攻螺纹循环指令

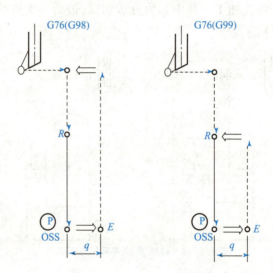

图 1.2.44 G76 精镗孔循环

X、Y 轴定位后,Z 轴快速运动到 R 点,再以 F 指令给定的速度进给到 Z 点,然后主轴定向并向给定的方向移动一段距离,再快速返回初始点或 R 点。返回后,主轴再以原来的转速和方向旋转。在这里,孔底的移动距离由孔加工参数 Q 给定,Q 始终应为正值,保证刀尖离开加工面,避免抬刀过程中划伤已加工表面,可以得到较好的精度和表面粗糙度。

注意:每次使用该固定循环或者更换使用该固定循环的刀具时,应注意检查主轴定向后刀尖的方向与要求是否相符。如果加工过程中出现刀尖方向不正确的情况,将会损坏工件、刀具甚至机床。

4. G81 钻孔循环

G81 钻孔循环指令用于一般孔钻削,如图 1.2.45 所示。

G81 是最简单的固定循环,它的执行过程为:X、Y 定位,Z 轴快进到 R 点,以 F 速度进给到 Z 点,快速返回初始点(G98)或 R 点(G99),没有孔底动作。

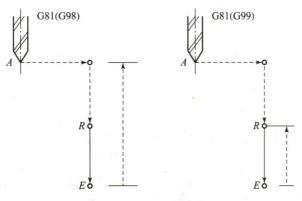

图 1. 2. 45　G81 钻孔循环

5. G82 钻削循环

如图 1. 2. 46 所示,G82 与 G81 的区别在于,G82 指令使刀具在孔底暂停,暂停时间用 P 来指定。

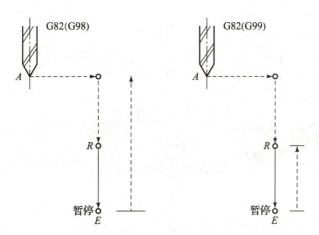

图 1. 2. 46　G82 粗镗削循环

G82 固定循环在孔底有一个暂停的动作,除此之外,和 G81 完全相同。孔底的暂停可以提高孔深的精度。

6. G83 深孔钻削循环

和 G73 指令相似,G83 指令下从 R 点到 Z 点的进给也分段完成。和 G73 指令不同的是,每段进给完成后,Z 轴返回的是 R 点,然后以快速进给速率运动到距离下一段进给起点上方 d 的位置开始下一段进给运动。

每段进给的距离由孔加工参数 Q 给定,Q 值始终为正值,d 的值由 532# 机床参数给定。如图 1. 2. 47 所示。

7. G84 攻丝循环

G84 攻丝循环除主轴旋转的方向完全相反外,其他与左螺纹攻丝循环 G74 完全一样。注意,在循环开始以前,指令主轴正转,如图 1. 2. 48 所示。

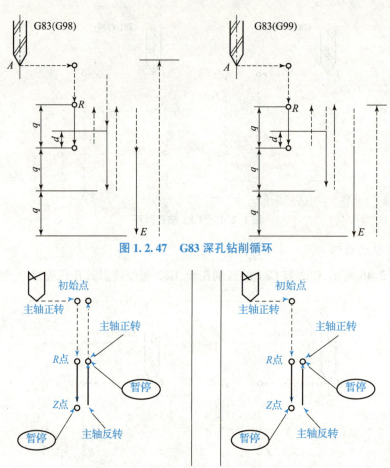

图 1.2.47 G83 深孔钻削循环

图 1.2.48 G84 攻丝循环

8. G85 镗削循环

该固定循环非常简单,执行过程如下:X、Y 定位,Z 轴快速到 R 点,以参数 F 给定的速度进给到 Z 点,以参数 F 给定速度返回 R 点。如果是在 G98 模态下,返回 R 点后再快速返回初始点。如图 1.2.49 所示。

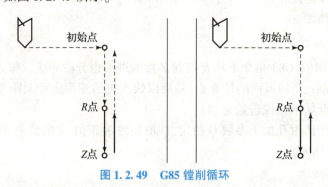

图 1.2.49 G85 镗削循环

9. G86 镗削循环

该固定循环的执行过程和 G81 相似,不同之处是 G86 中刀具进给到孔底时使主轴停止,快速返回到 R 点或初始点时再使主轴以原方向、原转速旋转。如图 1.2.50 所示。

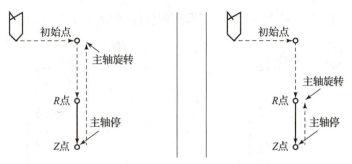

图 1.2.50　G86 镗削循环

10. G87 反镗削循环

G87 循环中,X、Y 轴定位后,主轴定向,X、Y 轴向指定方向移动由加工参数 Q 给定的距离,以快速进给速度运动到孔底(R 点),X、Y 轴恢复原来的位置,主轴以给定的速度和方向旋转,Z 轴以参数 F 给定的速度进给到 Z 点,然后主轴再次定向,X、Y 轴向指定方向移动参数 Q 指定的距离,以快速进给速度返回初始点,X、Y 轴恢复定位位置,主轴开始旋转。

该固定循环用于图 1.2.51 所示的孔的加工。该指令不能使用 G99,注意事项同 G76。

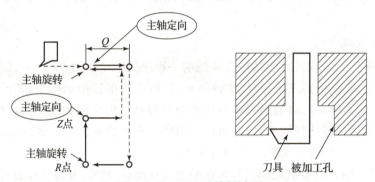

图 1.2.51　G87 反镗削循环

11. G88 镗削循环

镗削循环 G88 是带有手动返回功能的用于镗削的固定循环,如图 1.2.52 所示。

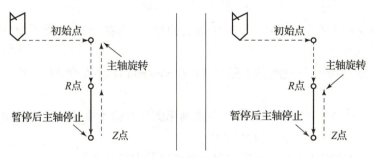

图 1.2.52　G88 镗削循环

12. G89 镗削循环

该镗削循环在 G85 的基础上增加了孔底的暂停,如图 1.2.53 所示。

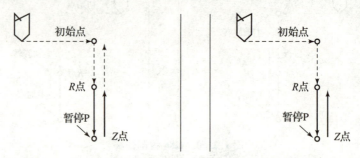

图 1.2.53　G89 镗削循环

在以上各图示中采用以下方式表示各段的进给:

——→,表示以切削进给速率运动。

- - -→,表示以快速进给速率运动。

13. G80(取消固定循环)

G80 指令被执行以后,固定循环(G73、G74、G76、G81 ~ G89)被该指令取消,R 点和 Z 点的参数以及除 F 外的所有孔加工参数均被取消。另外,01 组的 G 代码也会起到同样的作用。

14. 刚性攻丝方式

在攻丝循环 G84 或反攻丝循环 G74 的前一程序段指令 M29S ××××,则机床进入刚性攻丝模式。NC 执行到该指令时,主轴停止,然后主轴正转指示灯亮,表示进入刚性攻丝模式,其后的 G74 或 G84 循环被称为刚性攻丝循环。由于刚性攻丝循环中,主轴转速和 Z 轴的进给严格成比例同步,因此可以使用刚性夹持的丝锥进行螺纹孔的加工,并且还可以提高螺纹孔的加工速度,提高加工效率。

使用 G80 和 01 组 G 代码都可以解除刚性攻丝模式,另外,复位操作也可以解除刚性攻丝模式。

使用刚性攻丝循环时,需注意以下事项:

①G74 或 G84 指令中的 F 值与 M29 程序段中指令的 S 值的比值(F/S)即为螺纹孔的螺距值。

②2S ×××× 必须小于 0617 号参数指定的值,否则执行固定循环指令时出现编程报警。

③F 值必须小于切削进给的上限值 4 000 mm/min 即参数 O527 的规定值,否则出现编程报警。

④在 M29 指令和固定循环的 G 指令之间不能有 S 指令或任何坐标运动指令。

⑤不能在攻丝循环模式下指令 M29。

⑥不能在取消刚性攻丝模式后的第一个程序段中执行 S 指令。

⑦不要在试运行状态下执行刚性攻丝指令。

15. 使用孔加工固定循环的注意事项

①编程时,需注意在固定循环指令之前,必须先使用 S 和 M 代码指令主轴旋转。

②在固定循环模态下,包含 X、Y、Z、A、R 的程序段将执行固定循环,如果一个程序段不包含上列任何一个地址,则在该程序段中将不执行固定循环,G04 中的地址 X 除外。另外,G04 中的地址 P 不会改变孔加工参数中的 P 值。

③孔加工参数 Q、P 必须在固定循环被执行的程序段中被指定,否则指令的 Q、P 值无效。

④在执行含有主轴控制的固定循环(如 G74、G76、G84 等)过程中,刀具开始切削进给时,主轴有可能还没有达到指令转速。这种情况下,需要在孔加工操作之间加入 G04 暂停指令。

⑤01 组的 G 代码也起到取消固定循环的作用,所以不要将固定循环指令和 01 组的 G 代码写在同一程序段中。

⑥如果执行固定循环的程序段中指令了一个 M 代码,M 代码将在固定循环执行定位时被同时执行,M 指令执行完毕的信号在 Z 轴返回 R 点或初始点后被发出。使用 K 参数指令重复执行固定循环时,同一程序段中的 M 代码在首次执行固定循环时被执行。

⑦在固定循环模态下,刀具偏置指令 G45～G48 将被忽略(不执行)。

⑧单程序段开关置上位时,固定循环执行完 X、Y 轴定位、快速进给到 R 点及从孔底返回(到 R 点或到初始点)后,都会停止。也就是说,需要按循环启动按钮 3 次才能完成一个孔的加工。3 次停止中,前面的两次处于进给保持状态,后面的一次处于停止状态。

⑨执行 G74 和 G84 循环时,Z 轴从 R 点到 Z 点和从 Z 点到 R 点两步操作之间,如果按进给保持按钮的话,进给保持指示灯立即会亮,但机床的动作却不会立即停止,直到 Z 轴返回 R 点后才进入进给保持状态。另外,G74 和 G84 循环中,进给倍率开关无效,进给倍率被固定在 100%。

课后练习

1. 控制主轴转速的指令有哪些?
2. 内外径切削循环指令 G71 中,R 的含义是什么?
3. 螺纹切削循环指令有哪些?
4. 数控铣削时,G42 指令的含义是什么?
5. 数控铣削简化编程指令有哪些?

第二篇 数控编程指令应用篇

项目一　数控车削零件编程

任务1　轴类零件车削编程

教学目标

1. 素质目标：具备正确的社会主义核心价值观和道德法律意识；具备精益求精、追求卓越的工匠精神和严谨细致、踏实肯干的工作作风；具备良好的团队协作精神、协调能力、组织能力和管理能力。

2. 知识目标：了解轴类零件的加工过程，掌握轴类零件图的识图方法，掌握轴类零件数控加工工艺及工艺装备的知识，理解数控编程通用指令及数控车削指令的含义，掌握各个指令的使用方法。

大国工匠

3. 能力目标：会分析轴类零件图样，能够制订轴类零件数控车削加工工艺方案，会选择数控编程指令，能够编写出轴类零件的数控车削程序。

工作任务要求

学生以企业编程员的身份接受轴类零件的编程任务，根据轴类零件的结构特征、加工精度等信息，制订合理的工艺方案，选择合理的刀具及量具等，选择合理的编程指令，按照数控系统编制出合理的数控程序，完成轴类零件的编程任务。

工作过程要领

一、识读零件图样

正确识读综合轴的零件图的组成部分，如图2.1.1所示。

由图2.1.1综合轴分析可知其加工内容，见表2.1.1。

二、制订加工方案

通过企业调研发现，任何一个产品在批量加工前，都需要先进行样件试切，当样件试切合格后，再进行批量加工。下面就根据图2.1.1所示综合轴的要求，制订样件试切的加工工艺过程。因为样件试切属于单件小批量生产，采用数控加工时，也应当尽量在一次装夹中完成多个表面的加工，因此，在确定加工工艺过程时，采用根据装夹次数的方法来确定加工工序。加工方案分析见表2.1.2。

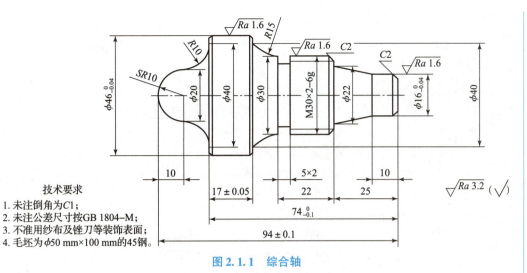

技术要求
1. 未注倒角为C1;
2. 未注公差尺寸按GB 1804–M;
3. 不准用纱布及锉刀等装饰表面;
4. 毛坯为φ50 mm×100 mm的45钢。

图 2.1.1　综合轴

表 2.1.1　综合轴图样分析

图样名称	综合轴
加工表面	包括外圆柱面、外圆锥面、外沟槽面、外圆弧面、外螺纹面
加工精度	φ16 mm 及 φ46 mm 外圆柱面尺寸精度较高,公差为 0.04 mm;M30 × 2 外螺纹面精度较高,公差等级为 IT6 级,基本偏差为 g;外圆锥面小端为 φ16 mm、大端为 φ22 mm;外沟槽面宽度为 5 mm,深度为 2 mm;外圆弧面半径尺寸为 R15 和 R10;球面尺寸为 SR10 mm;外圆锥面、外沟槽面、外圆弧面及球面尺寸精度为一般公差,精度较低
表面质量	φ16 mm 及 φ46 mm 外圆柱面、M30 × 2 外螺纹面,表面粗糙度为 Ra1. 6 μm;其他表面为 Ra3. 2 μm
技术要求	φ46 mm 外圆柱面两端倒角均为 C1;未注公差尺寸按 GB 1804 – M 进行加工;毛坯为 45 钢圆棒料

表 2.1.2　综合轴加工方案分析

项　　目	分析内容
工艺分析	见表 2.1.3
刀具分析	根据图样分析,图中无倒锥及深凹槽面,可选用 80° 菱形刀片外圆车刀加工图 2.1.1 中的外轮廓部分;外沟槽受槽宽的限制,选用 5 mm 宽的外槽刀具。外螺纹是国标 60° 的标准螺纹,选用标准螺纹车刀,螺距为 2 mm 的外螺纹车刀。导杆厚度受机床参数影响,根据机床参数选取导杆厚度,一般导杆有 20 mm 和 25 mm 厚度
量具分析	通过图样分析,公差在 0.02 mm,使用精度为 0.01 mm 外径千分尺测量能够满足要求,长度使用精度为 0.02 mm 游标卡尺能够满足要求;使用 M30 × 2 – 6H 的螺纹环规检测螺纹尺寸;粗糙度测量需使用粗糙度测量仪检测或样板进行比对
夹具分析	通过图样分析,此毛坯为棒料,因此选用三爪自定心卡盘进行装夹,在保证加工有效长度的前提下,夹持尽可能长的夹持长度,以保证零件的加工刚性

表 2.1.3　综合轴工艺分析

零件名称	综合轴	数控加工工艺过程卡	毛坯种类	棒料	共 1 页
			材料	45 钢	第 1 页
工序号	工序名称	工序内容		设备	工艺装备
10	备料	备料 ϕ50 mm×100 mm,材料为 45 钢			
20	数车	20.1:粗车左端端面、SR10 mm 球体、R10 mm 外圆弧面、C1 倒角及 ϕ46 mm 外圆柱面,直径留加工余量 0.5 mm,长度留余量 0.1 mm,表面粗糙度达到 Ra6.4 μm		CAK6140	三爪卡盘
		20.2:精车左端端面、SR10 mm 球体、R10 mm 外圆弧面、C1 倒角及 ϕ46 mm 外圆柱面,达到尺寸精度要求及表面粗糙度要求			
30	数车	30.1:车右端端面,保证零件总长		CAK6140	三爪卡盘
		30.2:粗加工 ϕ16 mm 外圆柱面、外锥面、ϕ30 mm 外圆面、R15 mm 外圆弧面及 C1 倒角;留直径余量 0.5 mm,长度余量为 0.1 mm,表面粗糙度达到 Ra6.4 μm			
		30.3:精加工 ϕ16 mm 外圆柱面,外锥面、ϕ30 mm 外圆面、R15 mm 外圆弧面及 C1 倒角;加工 5 mm×2 mm 外沟槽面;加工 M30×2 外螺纹面,表面粗糙度达到图样要求			
		30.4:粗精加工 5 mm×2 mm 外沟槽面			
		30.5:粗精加工 M30×2 外螺纹面			
40	清理	去除毛刺,清洁零件等			
50	检验	按图样尺寸检测			
编制		日期	审核		日期

三、计算基点坐标

(一)编程原点

工序 20:选取工件左端面的中心点 $O_{左}$ 为编程原点。

工序 30:选取工件右端面的中心点 $O_{右}$ 为编程原点。

(二)基点坐标

根据综合轴零件图,找出各个基点,再根据各工序确定出对应基点坐标值,如图 2.1.2 所示。

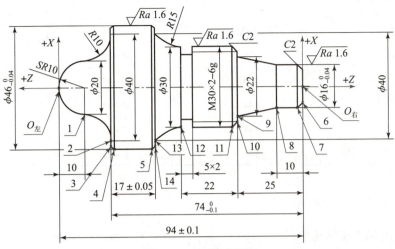

图 2.1.2　基点坐标图

　　工序20:选取工件左端面中心为编程原点,主要加工外圆弧面、外圆柱面等外轮廓表面,因此各基点相对于左端面中心点坐标值见表2.1.4。

表 2.1.4　基点坐标值

名称	X 坐标(直径 0)	Z 坐标	备注
编程原点 $O_左$	$X0$	$Z0$	
基点 1	$X20$	$Z-10$	
基点 2	$X40$	$Z-20$	
基点 3	$X44$	$Z-20$	
基点 4	$X46$	$Z-21$	
基点 5	$X46$	$Z-36$	

　　工序30:选取工件右端面中心为编程原点,主要加工外圆弧面、外圆柱面、外圆锥面、外沟槽面、外螺纹面等外轮廓表面,因此各基点相对于左端面中心点坐标值见表2.1.5。

表 2.1.5　基点坐标值

名称	X 坐标(直径 0)	Z 坐标	备注
编程原点 $O_右$	$X0$	$Z0$	
基点 6	$X12$	$Z0$	
基点 7	$X16$	$Z-2$	
基点 8	$X16$	$Z-10$	
基点 9	$X22$	$Z-25$	
基点 10	$X26$	$Z-25$	

续表

名称	X 坐标(直径0)	Z 坐标	备注
基点11	$X30$	$Z-27$	
基点12	$X30$	$Z-47$	
基点13	$X40$	$Z-57$	
基点14	$X44$	$Z-57$	
基点5	$X46$	$Z-58$	

四、编制加工程序

工序20：加工左端轮廓。

工步20.1、20.2：加工左端外轮廓，编制数控加工程序 O1000（FANUC 系统），见表 2.1.6。

表 2.1.6　左端轮廓程序

加工程序	对应基点	活页知识点链接
O1000		程序格式
T0101		刀具指令 T
M03 S500		主轴控制指令 M，主轴转速指令 S
G00 X100 Z100	换刀点	快速进给指令 G00，保证换刀不发生碰撞
G00 X52 Z5	循环点	
G71 U2 R1		数控车内外径粗车循环指令 G71
G71 P10 Q20 U0.5 W0.1 F0.2		
N10 G00 X0	进刀点	
G01 X0 Z0 F0.1	$O_{左}$	直线插补指令 G01
G03 X20 Z-10 R10 F0.05	1	圆弧插补指令 G03
G02 X40 Z-20 R10	2	
G01 X44	3	
X46 Z-21 F0.1	4	
Z-40	5	经工艺分析，调整5点Z坐标值，避免出现接刀痕迹
N20 G01 X52	退刀点	
G00 Z5		
X100 Z100 M05	换刀点	
M00		程序停止指令
T0101		

加工程序	对应基点	活页知识点链接
M03 S1000		
G00 X52 Z5	循环点	
G70 P10 Q20		数控车内外径精车循环指令 G70
G00 X100 Z100 M05	换刀点	
M30		程序结束指令

工序 30：加工右端轮廓。

工步 30.2、30.3：加工右端外轮廓，编制数控加工程序 O2000（FANUC 系统），见表 2.1.7。

表 2.1.7　右端轮廓程序

加工程序	对应点	活页知识点链接
O2000		
T0101		
M03 S500		
G00 X100 Z100		
X52 Z5		
G71 U2 R1		
G71 P10 Q20 U0.5 W0.1 F0.2		
N10 G00 X2 Z5	进刀点	经工艺分析，进刀点应设在倒角延长线上，经过 6 点，可避免出现棱边
G01 X16 Z−2 F0.1	7	
Z−10	8	
X22 Z−25	9	
X26	10	
X30 Z−27	11	
Z−47	12	
G02 X40 Z−57 R15 F0.05	13	
G01 X44 F0.1	14	
X48 Z−59	退刀点	经工艺分析，退刀点应设在倒角延长线上，经过 5 点，可避免出现棱边

加工程序	对应点	活页知识点链接
N20 G01 X52		
G00 Z5		
X100 Z100 M05		
M30		

工步 30.4：加工右端外沟槽，编制加工程序 O2100（FANUC 系统），见表 2.1.8。

表 2.1.8　右端外沟槽程序

加工程序	对应点	活页知识点链接
O2100		
T0202		刀具指令，换 2 号刀具
M03 S500		
G00 X100 Z100		
X52 Z5		
Z－47	槽定位点	定位到切槽点，需考虑刀宽及刀位点
G01 X26 F0.05	槽底点	切槽加工
X52 F0.5	退出点	退出沟槽点
G00 Z5		
X100 Z100 M05		
M30		

工步 30.5：加工右端外螺纹，编制加工程序 O2200（FANUC 系统），见表 2.1.9。

表 2.1.9　右端外螺纹程序

加工程序	对应点	活页知识点链接
O2200		
T0303		刀具指令，换 3 号刀具
M03 S500		
G00 X100 Z100		
X35 Z5	螺纹循环点	
G92 X29.1 Z－45 F2	第一次牙底点	螺纹车削简单循环指令
X28.5	第二次牙底点	
X27.9	第三次牙底点	

加工程序	对应点	活页知识点链接
X27.5	第四次牙底点	
X27.4	最终牙底点	
G00 X100 Z100 M05		
M30		

随堂笔记

随学随记,记下学习的重点内容,总结个人的收获,积累学习经验,养成良好的学习习惯。随堂笔记见表2.1.10。

表2.1.10 随堂笔记

学习内容	收获与体会

任务实施路径与步骤

一、任务实施路径

引导学生按照实施路径完成项目任务,并形成良好的分析思维。实施路径如图2.1.3所示。

二、任务实施步骤

1. 任务要求。了解岗位身份,弄清任务要求。(0.1学时)
2. 识读零件图样。了解图样的加工要求,弄清要加工的表面和特征,看清基本尺寸、精度、表面质量等方面具体需要达到的要求。(0.2学时)

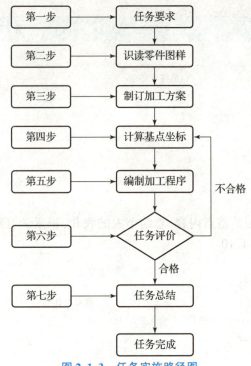

图 2.1.3　任务实施路径图

3. 制订加工方案。制订加工工艺和可行性加工方案,最后经比较确定出最合理的加工方案,确定出合理的工量刃具。(0.4 学时)

4. 计算基点坐标。根据图样尺寸要求,并结合加工方案,确定出合理的编程原点,建立编程坐标系,利用数学计算能力,正确计算出各个基点的坐标值。

5. 编制加工程序。首先根据上述加工方案的选择,确定走刀路线,结合基础篇章编程基础知识、数控车削指令应用知识,选择需要使用的指令,最后按照零件轮廓编制出数控加工程序和相关辅助程序。(1 学时)

6. 任务评价。首先学生自己评价出图样程序的编制代码,然后学生互相评价,最后指导教师再评价并给定成绩。(0.2 小时)

7. 任务总结。学生总结这次工作过程,在小组中交流,并选小组代表在全班介绍,讨论编制程序时出现的问题和解决的方法。(0.1 学时)

一、组织方式

每 6 位同学一组,1 台六角桌,分配出不同角色,并确定出各自的任务。

二、工作准备

每桌配有学习手册、工作任务要求、活页教材、活页夹、计算机及切削加工手册等学习用品。

工作评价

工作评价采用学生自评＋学生互评＋教师评价、素质评价＋能力评价、过程评价＋结果评价多元评价模式,见表2.1.11。

表2.1.11　工作评价

评价内容		分值	自评(20%)	互评(20%)	教师评价(60%)	得分
工作过程	学习态度	20				
	通识知识	20				
	关键能力	20				
工作成果	成果质量	40				
合计						

课后训练

完成二维码所示零件的加工方案和工艺规程的制订,并进行程序编制。

任务2　套类零件车削编程

教学目标

1. 素质目标:具备正确的社会主义核心价值观和道德法律意识;具备精益求精、追求卓越的工匠精神和严谨细致、踏实肯干的工作作风;具备良好的团队协作精神、协调能力、组织能力和管理能力。

2. 知识目标:了解套类零件的加工过程,掌握套类零件数控加工工艺及工艺装备的知识,理解数控编程通用指令及数控车削指令的含义,掌握各个指令的使用方法。

3. 能力目标:会分析套类零件图样,能够制订套类零件数控车削加工工艺方案,会选择数控编程指令,能够编写出套类零件的数控车削程序。

工作任务要求

学生以企业编程员的身份接受套类零件的编程任务,根据套类零件的结构特征、加工精度等信息,制订合理的工艺方案,选择合理的刀具及量具等,选择合理的编程指令,按照数控系统编制出合理的数控程序,完成套类零件的编程任务。

一、识读零件图样

正确识读图2.1.4所示套类零件图的组成部分。

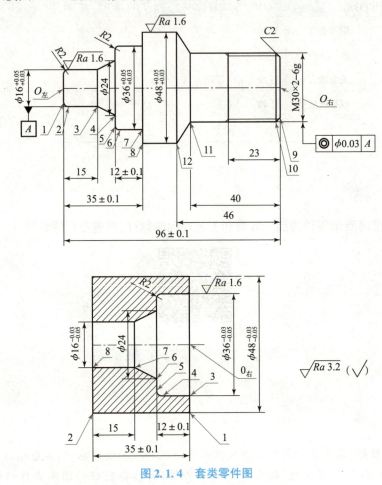

图2.1.4 套类零件图

由图2.1.4套类零件分析可知其加工内容,见表2.1.12。

表2.1.12 套类零件图样分析

项 目	分析内容
加工表面	图形中包括外圆柱、外沟槽、外螺纹轮廓,图形为元素的综合,而且是配合零件。主要考察外轮廓加工精度、螺纹加工精度。工件一:图形以 $\phi48$ mm 直径外轮廓为分界,左侧加工内容有外圆柱、斜面,图形比较单一,$\phi36$ mm 表面可作为精加工定位面;$\phi48$ mm 右侧加工内容有外圆轮廓、斜面和椭圆,拥有比较简单的轮廓加工,因此可以按照正常的外圆—外螺纹的加工顺序加工。外圆 $\phi36$ 作为右端加工的定位装夹表面。工件二:加工外圆 $\phi48$ mm,装夹 $\phi48$ mm 外圆加工 $\phi36$ mm、$\phi16$ mm 内孔和斜锥面

项　目	分析内容
加工精度	尺寸中,轮廓加工包括:精度尺寸两处,上偏差 −0.03 mm,下偏差 −0.05 mm,公差带等级 IT8 级;长度为自由公差,公差等级为 IT8 级,偏差为 ±0.1 mm。螺纹精度等级为6g。通过分析可知加工精度适中,加工工序采用粗加工—精加工即可保证精度
表面质量	图样中除 φ16 mm、φ48 mm 外圆柱的表面粗糙度和 M30 螺纹在 1.6 μm 外,其余都是 3.2 μm,一般精加工能够满足粗糙度要求
技术要求	图中有一处同轴度的形位公差,精度为 0.03 mm,属于中等精度。工艺安排中需要先加工φ36 mm 外圆,再以 φ36 mm 外圆为定位基准面,加工右侧轮廓。为保证同轴度精度,掉头装夹需采用打表找正的方法

二、制订加工方案

在确定加工工艺过程时,采用根据装夹次数的方法来确定加工工序。加工方案分析见表2.1.13。

表 2.1.13　套类零件加工方案分析

项　目	分析内容
工艺分析	见表 2.1.14、表 2.1.15
刀具分析	根据图纸分析,本图形零件主要使用 55° 外圆车刀来加工外圆轮廓部分。外螺纹是国标 60° 的标准螺纹,选用标准螺纹车刀,螺距为 2 mm 的外螺纹车刀。内孔车刀受底孔尺寸的影响,注意刀尖到导杆的尺寸,一般情况下底孔选择 φ14 mm。导杆厚度受机床参数影响,根据机床参数选取导杆厚度,一般导杆有 20 mm 和 25 mm 厚度
量具分析	通过图样分析,公差在 0.02 mm,使用外径千分尺测量能够满足要求,长度使用游标卡尺能够满足要求。表面粗糙度测量需使用表面粗糙度测量仪检测
夹具分析	通过图样分析,此轴类零件长度和直径的比例接近 2∶1,装夹使用三爪自定心卡盘,定位选取尽可能长的夹持长度,以保证同轴度

工艺过程卡见表2.1.14和表2.1.15。

表 2.1.14　套类零件1 工艺过程卡

零件名称	套类零件1	数控加工工艺过程卡	毛坯种类	棒料	共 1 页
			材料	45 钢	第 1 页
工序号	工序名称	工序内容	设备	工艺装备	
10	备料	备料 φ50 mm×100 mm,材料为 45 钢			
20	数车	车左端端面,粗、精左端 φ48 mm 的外圆,长度达到图纸要求	CAK6140	三爪卡盘	
30	数车	掉头装夹,校准圆跳动小于 0.03 mm	CAK6140	三爪卡盘	

零件名称	套类零件1	数控加工工艺过程卡	毛坯种类		棒料	共1页
			材料		45 钢	第1页
工序号	工序名称	工序内容		设备		工艺装备
40	数车	车右端外圆、车倒角、车螺纹,尺寸达到图纸要求		CAK6140		三爪卡盘
50	钳工	锐边倒钝,去毛刺		钳台		台虎钳
60	清洗	用清洗剂清洗零件				
70	检验	按图样尺寸检测				
编制		日期		审核		日期

表 2.1.15　套类零件 2 工艺过程卡

零件名称	套类零件2	数控加工工艺过程卡	毛坯种类		棒料	共1页
			材料		45 钢	第1页
工序号	工序名称	工序内容		设备		工艺装备
10	备料	备料 $\phi50$ mm×40 mm,材料为 45 钢				
20	数车	粗、精车 $\phi48$ mm 的外圆,长度达到图纸要求		CAK6140		三爪卡盘
30	数车	粗、精车 $\phi36$ mm 的内孔,长度达到图纸要求		CAK6140		三爪卡盘
40	数车	车工件总长度,尺寸达到图纸要求		CAK6140		三爪卡盘
50	钳工	锐边倒钝,去毛刺		钳台		台虎钳
60	清洗	用清洗剂清洗零件				
70	检验	按图样尺寸检测				
编制		日期		审核		日期

三、计算基点坐标

(一)套类零件一

工序 20:选取工件左端面中心为编程原点,主要加工外圆弧面、外圆柱面等外轮廓表面,因此各基点相对于左端面中心点坐标值如图 2.1.5 所示。

工序 40:选取工件右端面中心为编程原点,主要加工外圆弧面、外圆柱面、外圆锥面、外沟槽面、外螺纹面等外轮廓表面,因此各基点相对于右端面中心点坐标值如图 2.1.6 所示。

名称	X坐标（直径）	Z坐标
编程原点O左	X0	Z0
基点1	X12	Z0
基点2	X16	Z-2
基点3	X16	Z-15
基点4	X24	Z-23
基点5	X32	Z-23
基点6	X36	Z-25
基点7	X36	Z-36
基点8	X48	Z-36

图 2.1.5　基点图

名称	X坐标（直径）	Z坐标
编程原点O右	X0	Z0
基点9	X26	Z0
基点10	X30	Z-2
基点11	X30	Z-40
基点12	X48	Z-46

图 2.1.6　基点图

（二）套类零件二

工序 20：选取工件左端面中心为编程原点，主要加工外圆柱面等外轮廓表面，因此各基点相对于左端面中心点坐标值见表 2.1.16。

表 2.1.16　基点相对于左端面中心点坐标值

名称	X坐标(直径)	Z坐标
编程原点	$X0$	$Z0$
基点1	$X48$	$Z0$
基点2	$X48$	$Z0$

工序 30：选取工件右端面中心为编程原点，主要加工内圆柱面，确保零件总长度，因此各基点相对于右端面中心点坐标值见表 2.1.17。

表 2.1.17　基点相对于右端面中心点坐标值

名称	X坐标(直径)	Z坐标
编程原点	$X0$	$Z0$
基点3	$X36$	$Z0$
基点4	$X36$	$Z-10$
基点5	$X32$	$Z-12$
基点6	$X24$	$Z-12$
基点7	$X16$	$Z-20$
基点8	$X16$	$Z-35$

四、编制加工程序

套类零件 1 的数控加工程序见表 2.1.18。

表 2.1.18　套类零件 1 加工程序

套类零件1：工序20 加工程序	对应点	知识点
O1000		程序格式
T0101		刀具指令 T

套类零件1：工序20加工程序	对应点	知识点
M03 S500		主轴控制指令 M，主轴转速指令 S
G00 X100 Z100	换刀点	快速进给指令 G00，保证换刀不发生碰撞
G00 X52 Z5	循环点	
G71 U2 R1		数控车内外径粗车循环指令 G71
G71 P10 Q20 U0.5 W0.1 F0.2		
N10 G00 X0	进刀点	
G01 X0 Z0 F0.1	$O_左$	直线插补指令 G01
G01 X12	1	
G03 X16 Z–2 R2	2	圆弧插补指令 G03
G01 Z–15	3	
G01 X24 Z–23	4	
X32	5	
G03 X36 Z–25 R2	6	圆弧插补指令 G03
G01X36 Z–35	7	
G01 X48	8	
G01 Z–52		
N20 G01 X52	退刀点	
G00 Z5		
X100 Z100 M05	换刀点	
M00		程序停止指令
T0101		
M03 S1000		
G00 X52 Z5	循环点	
G70 P10 Q20		数控车内外径精车循环指令 G70
G00 X100 Z100 M05	换刀点	
M30		程序结束指令
工序40加工程序	对应点	知识点
O2000		
T0101		
M03 S500		

工序40加工程序	对应点	知识点
G00 X100 Z100		
X52 Z5		
G71 U2 R1		
G71 P10 Q20 U0.5 W0.1 F0.2		
N10 G00 X22 Z2	进刀点	经工艺分析，进刀点应设在倒角延长线上，经过6点，可避免出现棱边
G01 X30 Z－2 F0.1	10	
Z－40	11	
X52 Z－48	退刀点	经工艺分析，退刀点应设在倒角延长线上，经过5点，可避免出现棱边
N20 G01 X54		
G00 Z5		
T0101		
M03 S1000		
G00 X52 Z5	循环点	
G70 P10 Q20		数控车内外径精车循环指令 G70
X100 Z100 M05		
M30		
工序40加工程序	对应点	知识点
O2200		
T0303		刀具指令，换3号刀具
M03 S500		
G00 X100 Z100		
X35 Z5	螺纹循环点	
G92 X29.1 Z－23 R2 E－2 F2	第一次牙底点	螺纹车削简单循环指令
X28.5	第二次牙底点	
X27.9	第三次牙底点	
X27.5	第四次牙底点	
X27.4	最终牙底点	
G00 X100 Z100 M05		
M30		

套类零件 2 的数控加工程序见表 2.1.19。

表 2.1.19　套类零件 2 的数控加工程序

套类零件 2：工序 20 加工程序	对应点	知识点
O1000		程序格式
T0101		刀具指令 T
M03 S500		主轴控制指令 M，主轴转速指令 S
G00 X100 Z100	换刀点	快速进给指令 G00，保证换刀不发生碰撞
G00 X52 Z5	循环点	
G71 U2 R1		数控车内外径粗车循环指令 G71
G71 P10 Q20 U0.5 W0.1 F0.2		
N10 G00 X0	进刀点	
G01 X0 Z0 F0.1	$O_{左}$	直线插补指令 G01
G01 X48	1	
G01 Z−37	2	
N20 G01 X52	退刀点	
G00 Z5		
X100 Z100 M05	换刀点	
M00		程序停止指令
T0101		
M03 S1000		
G00 X52 Z5	循环点	
G70 P10 Q20		数控车内外径精车循环指令 G70
G00 X100 Z100 M05	换刀点	
M30		程序结束指令
工序 30 加工程序	对应点	知识点
O1000		程序格式
T0202		刀具指令 T
M03 S500		主轴控制指令 M，主轴转速指令 S
G00 X100 Z100	换刀点	快速进给指令 G00，保证换刀不发生碰撞
G00 X14 Z5	循环点	
G71 U2 R1		数控车内外径粗车循环指令 G71
G71 P10 Q20 U−0.5 W0.1 F0.2		
N10 G00 X36	3	直线插补指令 G01

工序 40 加工程序	对应点	知识点
G01 Z − 10 F0. 1	4	
G03 X32 Z − 12 R2	5	圆弧插补指令 G03
G01 X24	6	
G01 X16 Z − 20	7	
X16 Z − 36	8	
N20 G01 X14	退刀点	
G00 Z5		
X100 Z100 M05	换刀点	
M00		程序停止指令
T0202		
M03 S1000		
G00 X14 Z5	循环点	
G70 P10 Q20		数控车内外径精车循环指令 G70
G00 X100 Z100 M05	换刀点	
M30		程序结束指令

随堂笔记

随学随记,记下学习的重点内容,总结个人的收获,积累学习经验,养成良好的学习习惯。记录见表 2. 1. 20。

表 2. 1. 20　随堂笔记

学习内容	收获与体会

一、任务实施路径

任务实施路径如图 2.1.7。

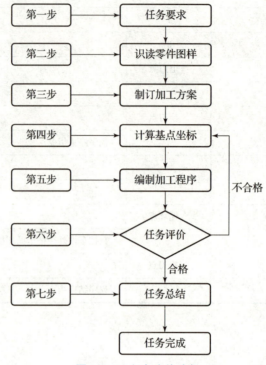

图 2.1.7 任务实施路径

二、任务实施步骤

1. 任务要求。了解岗位身份,弄清任务要求。(0.1 学时)

2. 识读零件图样。了解图样的加工要求,弄清要加工的表面和特征,看清基本尺寸、精度、表面质量等方面具体需要达到的要求。(0.2 学时)

3. 制订加工方案。制订加工工艺和可行性加工方案,最后经比较确定出最合理的加工方案,确定出合理的工量刃具。(0.4 学时)

4. 计算基点坐标。根据图样尺寸要求,并结合加工方案,确定出合理的编程原点,建立编程坐标系,利用数学计算能力,正确计算出各个基点的坐标值。

5. 编制加工程序。首先根据上述加工方案的选择,确定走刀路线,结合基础篇章编程基础知识、数控车削指令应用知识,选择需要使用的指令,最后按照零件轮廓编制出数控加工程序和相关辅助程序。(1 学时)

6. 任务评价。首先学生自己评价出图样程序的编制代码,然后学生互相评价,最后指导教师再评价并给定成绩。(0.2 小时)

7. 任务总结。学生总结这次工作过程,在小组中交流,并选小组代表在全班介绍,讨

论编制程序时出现的问题和解决的方法。(0.1学时)

 工作任务实施

一、组织方式

每6位同学一组,1台六角桌,分配出不同角色,并确定出各自的任务。

二、工作准备

每桌配有学习手册、工作任务要求、活页教材、活页夹、计算机及切削加工手册等学习用品。

 工作评价

工作评价表见表2.1.21。

表2.1.21 工作评价表

评价内容		分值	自评(20%)	互评(20%)	教师评价(60%)	得分
工作过程	学习态度	20				
	通识知识	20				
	关键能力	20				
工作成果	成果质量	40				
合计						

 课后训练

完成二维码所示零件的加工方案和工艺规程的制订,并进行程序编制。

任务3 特殊曲面类零件车削编程

 教学目标

1. 素质目标:具备正确的社会主义核心价值观和道德法律意识;具备精益求精、追求卓越的工匠精神和严谨细致、踏实肯干的工作作风;具备良好的团队协作精神、协调能力、组织能力和管理能力。

2. 知识目标:了解特殊曲面类零件的加工过程,掌握特殊曲面类零件数控加工工艺及工艺装备的知识,掌握宏指令的使用方法。

3. 能力目标:会分析特殊曲面类零件图样,能够制订特殊曲面类零件数控车削加工工艺方案,灵活运用宏指令编程,能够编写出特殊曲面类零件的数控车削程序。

 工作任务要求

学生以企业编程员的身份接受特殊曲面类零件的编程任务,根据特殊曲面类零件的结构特征、加工精度等信息,制订合理的工艺方案,选择合理的刀具及量具等,选择合理的编程指令,按照数控系统编制出合理的数控程序,完成特殊曲面类零件的编程任务。

 工作过程要领

一、识读零件图样

特殊曲面零件图样如图 2.1.8 所示。

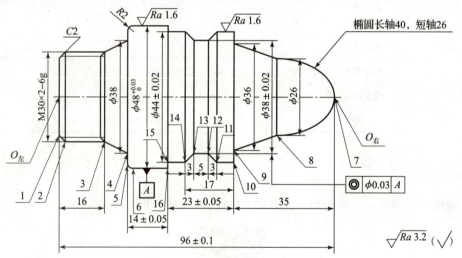

图 2.1.8 特殊曲面零件图

由图 2.1.8 特殊曲面零件分析可知其加工内容,见表 2.1.22。

表 2.1.22 特殊曲面零件图样分析

项 目	分析内容
加工表面	图形中包括椭圆、外圆柱、外沟槽、外螺纹轮廓,图形为元素的综合。主要考察外轮廓加工精度、螺纹加工精度。图形以 $\phi48$ mm 直径外轮廓为分界,左侧加工内容有外圆柱、斜面、螺纹,$\phi48$ mm 表面可作为精加工定位面;$\phi48$ mm 右侧加工内容有外圆轮廓、斜面、外沟槽和椭圆,拥有复杂曲面加工,因此可以按照正常的外圆—外沟槽—外螺纹的加工顺序加工。外圆 $\phi44$ mm 作为右端加工的定位装夹表面

项 目	分析内容
加工精度	尺寸中轮廓加工包括:精度尺寸两处,上偏差 +0.03 mm,下偏差 0 mm,公差带等级 IT8 级;长度为自由公差,公差等级为 IT8 级,偏差为 ±0.05 mm 和 ±0.1 mm。螺纹精度等级为 6g。通过分析可知加工精度适中,加工工序采用粗加工—精加工即可保证精度
表面质量	图中有一处同轴度的形位公差,精度为 0.03 mm,属于中等精度。工艺安排中需要先加工 ϕ48 mm 外圆,再以 ϕ48 mm 外圆为定位基准面,加工右侧轮廓。为保证同轴度精度,掉头装夹需采用打表找正的方法。图样中除 ϕ48 mm、ϕ24 mm 外圆柱与 M30 螺纹的表面粗糙度在 1.6 μm 外,其余都是 3.2 μm,一般精加工能够满足表面粗糙度要求
技术要求	未注公差尺寸按 GB 1804 – M 进行加工;毛坯为 45 钢圆棒料

二、制订加工方案

在确定加工工艺过程时,采用根据装夹次数的方法来确定加工工序。加工方案分析见表 2.1.23。

表 2.1.23　特殊曲面零件加工方案分析

项 目	分析内容
工艺分析	见表 2.1.24
刀具分析	根据图纸分析,图中三处有圆弧曲面,使用 55° 外圆车刀可以加工图中外圆轮廓部分。外沟槽受槽宽的限制,选用 5 mm 宽的外槽刀具。外螺纹是国标 60° 的标准螺纹,选用标准螺纹车刀,螺距为 2 mm 的外螺纹车刀。导杆厚度受机床参数影响,根据机床参数选取导杆厚度,一般导杆有 20 mm 和 25 mm 厚度
量具分析	通过图样分析,公差在 0.04 mm,使用外径千分尺测量能够满足要求,长度使用游标卡尺能够满足要求。表面粗糙度需使用表面粗糙度测量仪检测
夹具分析	通过图样分析,此轴类零件长度和直径的比例接近 2∶1,装夹使用三爪自定心卡盘,定位选取尽可能长的夹持长度,以保证同轴度

表 2.1.24　特殊曲面零件工艺过程卡

零件名称	非圆曲面类零件	机械加工工艺过程卡	毛坯种类	棒料	共 1 页
			材料	45 钢	第 1 页
工序号	工序名称	工序内容		设备	工艺装备
10	备料	备料 ϕ50 mm×100 mm,材料为 45 钢			
20	数车	车左端端面,粗、精左端 ϕ48 mm 的外圆,长度达到图纸要求;粗、精左端斜面外圆,长度达到图纸要求。加工 M30×2 – 6g 螺纹		CAK6140	三爪卡盘

续表

零件名称	非圆曲面类零件	机械加工工艺过程卡	毛坯种类	棒料	共1页
			材料	45 钢	第1页
工序号	工序名称	工序内容	设备		工艺装备
30	数车	掉头装夹,校准圆跳动小于0.03 mm	CAK6140		三爪卡盘
40	数车	车右端椭圆外圆、$\phi 44$ mm 的外圆、梯形槽、C2 倒角,尺寸达到图纸要求	CAK6140		三爪卡盘
50	钳工	锐边倒钝,去毛刺	钳台		台虎钳
60	清洗	用清洗剂清洗零件			
70	检验	按图样尺寸检测			
编制		日期	审核		日期

三、计算基点坐标

工序20:选取工件左端面中心为编程原点,主要加工外圆弧面、外圆柱面等外轮廓表面,因此各基点相对于左端面中心点坐标值如图 2.1.9 所示。

工序40:选取工件右端面中心为编程原点,主要加工外圆弧面、外圆柱面、非圆曲面、T形槽等外轮廓表面,因此各基点相对于右端面中心点坐标值如图 2.1.10 所示。

名称	X坐标(直径)	Z坐标
编程原点O左	X0	Z0
基点1	X26	Z0
基点2	X30	Z-2
基点3	X30	Z-16
基点4	X38	Z-24
基点5	X44	Z-24
基点6	X48	Z-26

图 2.1.9　工序 20 基点图

名称	X坐标(直径)	Z坐标
编程原点O右	X0	Z0
基点7	X0	Z0
基点8	X26	Z-20
基点9	X36	Z-35
基点10	X44	Z-35
基点11	X44	Z-41
基点12	X38	Z-44
基点13	X38	Z-49
基点14	X44	Z-52
基点15	X44	Z-58
基点16	X48	Z-58

图 2.1.10　工序 40 基点图

四、编制加工程序

特殊曲面零件的数控加工程序见表 2.1.25。

表 2.1.25　特殊曲面零件加工程序

工序 20 加工程序	对应点	知识点
O1000		程序格式
T0101		刀具指令 T

工序20加工程序	对应点	知识点
M03 S500		主轴控制指令M,主轴转速指令S
G00 X100 Z100	换刀点	快速进给指令G00,保证换刀不发生碰撞的点
G00 X52 Z5	循环点	
G71 U2 R1		数控车内外径粗车循环指令G71
G71 P10 Q20 U0.5 W0.1 F0.2		
N10 G00 X0	进刀点	
G01 X0 Z0 F0.1	$O_{左}$	直线插补指令G01
G01 X26 F0.05	1	
G01 X30 Z-2	2	
G01 Z-16	3	
X38 Z-24 F0.1	4	
X44 Z-24	5	
G03 X48 Z-26 R2	6	
N20 G01 Z-42	退刀点	
G00 Z5		
X100 Z100 M05	换刀点	
M00		程序停止指令
T0101		
M03 S1000		
G00 X52 Z5	循环点	
G70 P10 Q20		数控车内外径精车循环指令G70
G00 X100 Z100 M05	换刀点	
M30		程序结束指令
加工程序	**对应点**	**知识点**
O2200		
T0303		刀具指令,换3号刀具
M03 S500		
G00 X100 Z100		
X35 Z5	螺纹循环点	
G92 X29.1 Z-16F2	第一次牙底点	螺纹车削简单循环指令

加工程序	对应点	知识点
X28.5	第二次牙底点	
X27.9	第三次牙底点	
X27.5	第四次牙底点	
X27.4	最终牙底点	
G00 X100 Z100 M05		
M30		
工序 40 加工程序	**对应点**	**知识点**
O2000		
T0101		
M03 S500		
G00 X100 Z100		
X52 Z5		
G71 U2 R1		
G71 P10 Q20 U0.5 W0.1 F0.2		
N10 G00 X0	进刀点	经工艺分析,进刀点应设在倒角延长线上,经过 6 点,可避免出现棱边
G42 Z0	7	
#1 = 0		
WHILE [#1 LE 90] DO1		
#2 = 13 * SIN[#1]		
#3 = 20 * COS[#1]		
G01 X[2 * #2] Z[#3 − 20] F0.1		
#1 = #1 + 0.5		
END1		
G01 X36 Z − 35	9	
G01 X44	10	
Z − 58	15	
X48	16	
N20 G01 X52	退刀点	
G00 Z5		
T0101		

工序 40 加工程序	对应点	知识点
M03 S1000		
G00 X52 Z5	循环点	
G70 P10 Q20		数控车内外径精车循环指令 G70
X100 Z100 M05		
M30		

加工程序	对应点	知识点
O2100		
T0202		刀具指令,换 2 号刀具
M03 S500		
G00 X100 Z100		
X52 Z5		
Z－49	槽定位点	定位到切槽点
G01 X38 F0.05	槽底点	切槽加工
X52 F0.5	退出点	退出沟槽点
G01 Z－52	槽定位点	定位到切槽点
G01 X38 Z－49	槽底点	切槽加工
X52 F0.5	退出点	退出沟槽点
Z－46	槽定位点	定位到切槽点
G01 X38 Z－49	槽底点	切槽加工
X52 F0.5	退出点	退出沟槽点
G00 Z5		
X100 Z100 M05		
M30		

随堂笔记

随学随记,记下学习的重点内容,总结个人的收获,积累学习经验,养成良好的学习习惯。记录见表 2.1.26。

表 2.1.26　随堂笔记

学习内容	收获与体会

一、任务实施路径(图2.1.11)

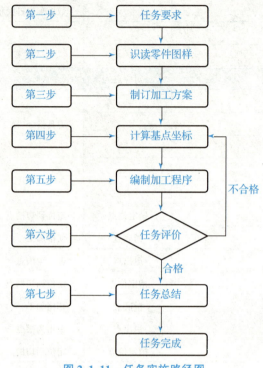

图 2.1.11　任务实施路径图

二、任务实施步骤

1. 任务要求。了解岗位身份,弄清任务要求。(0.1 学时)

2. 识读零件图样。了解图样的加工要求,弄清要加工的表面和特征,看清基本尺寸、精度、表面质量等方面具体需要达到的要求。(0.2 学时)

3. 制订加工方案。制订加工工艺和可行性加工方案,最后经比较确定出最合理的加工方案,确定出合理的工量刃具。(0.4 学时)

4. 计算基点坐标。根据图样尺寸要求,并结合加工方案,确定出合理的编程原点,建立编程坐标系,利用数学计算能力,正确计算出各个基点的坐标值。

5. 编制加工程序。首先根据上述加工方案的选择,确定走刀路线,结合基础篇章编程基础知识、数控车削指令应用知识,选择需要使用的指令,最后按照零件轮廓编制出数控加工程序和相关辅助程序。(1 学时)

6. 任务评价。首先学生自己评价图样程序的编制代码,然后学生互相评价,最后指导教师再评价并给定成绩。(0.2 小时)

7. 任务总结。学生总结这次工作过程,在小组中交流,并选小组代表在全班介绍,讨论编制程序时出现的问题和解决的方法。(0.1 学时)

工作任务实施

一、组织方式

每 6 位同学一组,1 台六角桌,分配出不同角色,并确定出各自的任务。

二、工作准备

每桌配有学习手册、工作任务要求、活页教材、活页夹、计算机及切削加工手册等学习用品。

工作评价

工作评价表见表 2.1.27。

表 2.1.27　工作评价表

评价内容		分值	自评(20%)	互评(20%)	教师评价(60%)	得分
工作过程	学习态度	20				
	通识知识	20				
	关键能力	20				
工作成果	成果质量	40				
合计						

课后训练

完成二维码所示零件的加工方案和工艺规程的制订,并进行程序编制。

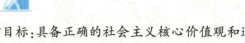

项目二 数控铣削零件编程

任务1 平面轮廓类零件铣削编程

教学目标

1. 素质目标:具备正确的社会主义核心价值观和道德法律意识;具备精益求精、追求卓越的工匠精神和严谨细致、踏实肯干的工作作风;具备良好的团队协作精神、协调能力、组织能力和管理能力。

大国工匠

2. 知识目标:了解平面轮廓类零件的加工过程,掌握平面轮廓类零件图的识图方法,掌握平面轮廓类零件数控加工工艺及工艺装备的知识,理解数控编程通用指令及数控铣削指令的含义,掌握各个指令的使用方法。

3. 能力目标:会分析平面轮廓类零件图样,能够制订平面轮廓类零件数控铣削加工工艺方案,会选择数控编程指令,能够编写出平面轮廓类零件的数控车削程序。

工作任务要求

学生以企业编程员的身份接受平面轮廓类零件的编程任务,根据平面轮廓类零件的结构特征、加工精度等信息,制订合理的工艺方案,选择合理的刀具及量具等,选择合理的编程指令,按照数控系统编制出合理的数控程序,完成平面轮廓类零件的编程任务。

工作过程要领

一、识读零件图样

正确识读图底座零件图的组成部分,如图2.2.1所示。

通过识读图样,从轮廓、尺寸精度、形位公差等方面分析图纸。分析内容见表2.2.1。

二、制订加工方案

此零件为单件小批量生产,采用数控加工时,也应当尽量在一次装夹中完成多个表面的加工,因此,在确定加工工艺过程时,采用根据装夹次数的方法来确定加工工序。加工方案分析见表2.2.2。

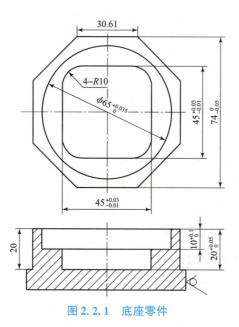

图 2.2.1　底座零件

表 2.2.1　底座零件图样分析

图样名称	底座零件
加工表面	图形中包括外圆柱和外六边形,轮廓图形较为简单。主要考察外轮廓加工精度和表面质量。以 $\phi100$ mm 毛坯外圆柱轮廓及其底面作为加工定位基准面,因此可以按照正常的加工顺序自上而下加工
加工精度	$\phi65$ mm 和 45 mm 内槽尺寸精度较高,公差为 0.04 mm;74 mm 的外圆尺寸公差为 0.05 mm,属于中等精度。深度尺寸 20 mm 的公差为 0.05 mm,属于中等精度;深度尺寸 10 mm,公差为 0.1 mm,精度较低
表面质量	除非加工表面外,其余所有表面按照铣削加工常用表面粗糙度 $Ra3.2$ μm
技术要求	所有棱边倒角均为 $C1$;未注公差尺寸按 GB 1804 - M 进行加工;毛坯为低碳钢,圆棒料

表 2.2.2　底座零件加工方案分析

项　目	分析内容
工艺分析	见表 2.2.3
刀具分析	根据图纸分析,该零件属于内外轮廓加工零件,刀具根据零件最小内圆角半径来确定。本例最小内圆角为 $R10$ mm,所以可以选择直径≤20 mm 的键槽铣刀或有一刃过中心的立铣刀完成加工。本例选用 $\phi12$ mm 立铣刀完成零件加工,先加工外八边形,然后加工 $\phi65$ mm 的内圆腔和边长 45 mm 的内方腔
量具分析	通过图样分析,公差为 0.04~0.05 mm,使用外径千分尺测量能够满足要求,内腔可以采用内测千分尺。深度游标卡尺用来测量深度方向。表面粗糙度需使用表面粗糙度测量仪检测
夹具分析	通过图样分析,此类零件长度和直径的比例接近 1:1,装夹使用三爪自定心卡盘,定位选取尽可能长的夹持长度,以保证同轴度

表 2.2.3　平面轮廓类零件工艺分析

零件名称	底座零件	机械加工工艺过程卡	毛坯种类	棒料	共 1 页
			材料	低碳钢	第 1 页
工序号	工序名称	工序内容	设备		工艺装备
10	备料	备料 φ80 mm × 40 mm,材料为低碳钢			
20	数铣	工步 1:铣削 φ65 mm 内圆腔	VMC850		三爪卡盘
		工步 2:铣削边长 45 mm 内方腔			
		工步 3:铣削对边 74 mm 的外八边形			
30	钳工	锐边倒钝,去毛刺	钳台		台虎钳
40	清洗	用清洗剂清洗零件			
50	检验	按图样尺寸检测			
编制		日期	审核		日期

三、计算基点坐标

(一)编程原点

X 和 Y 方向:选取工件对称中心点为编程原点。

Z 方向:选取零件上表面作为 Z 向原点。

(二)基点坐标

根据底座零件图,找出各个基点,再根据各工序确定出对应基点坐标值,如图 2.2.2 所示。

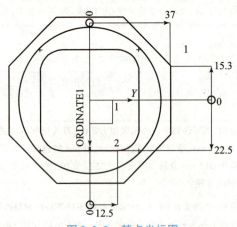

图 2.2.2　基点坐标图

本次任务零件,只需知道如图 2.2.2 所示的点 1 和点 2 的基点坐标即可,其他各点均与点 1 和点 2 有对称关系。

四、编制加工程序

底座零件数控加工程序见表 2.2.4。

表 2.2.4　底座零件数控加工程序

工步 1 加工程序	对应点	知识点
O1234		
G54 G90 G0 X0 Y0 Z100	刀具初始位置	铣削 ϕ65 mm 内圆腔
M03 S800		主轴控制指令 M，主轴转速指令 S
G00 Z5	加工起点	
G01 Z – 10 F50		Z 向下刀，粗加工 ϕ65 mm 内腔底部
M98 P1000 D01		建立子程序，调用粗加工 D1 刀补
M98 P1000 D02		建立子程序，调用粗加工 D2 刀补
M98 P1000 D03		建立子程序，调用精加工 D3 刀补
G01 Z – 20 F50		Z 向下刀，粗加工方形内腔底部
工步 2 加工程序	对应点	知识点
M98 P2000 D01		建立子程序，调用粗加工 D1 刀补
M98 P2000 D02		建立子程序，调用精加工 D2 刀补
G0 Z5		抬刀
工步 3 加工程序	对应点	知识点
G0 X53 Y0	下刀点	铣削对边 74 mm 的外八边形
G01 Z – 10 F50		Z 向下刀 10 mm 深，粗加工外八边形
M98 P3000 D01		建立子程序，调用粗加工 D1 刀补
M98 P3000 D02		建立子程序，调用精加工 D2 刀补
G01 Z – 20 F50		Z 向下刀 20 mm 深，粗加工外八边形
M98 P3000 D01		建立子程序，调用粗加工 D1 刀补
M98 P3000 D02		建立子程序，调用精加工 D2 刀补
G90 G0 Z100		
M05		
M30		
工步 1 加工子程序	对应点	知识点
O1000		加工 ϕ65 mm 内腔子程序地址
G41 G01 X32.5 Y0 F200		建立刀具半径左补偿
G03 I – 32.5 J0		加工 ϕ65 mm 内腔

学习笔记

工步 1 加工程序	对应点	知识点
G40 G0 X0		取消刀具半径补偿
M99		返回主程序
工步 2 加工子程序	对应点	知识点
O2000		加工方形内腔子程序地址
G41 G01 X22.5 Y0		建立刀具半径左补偿
G01 Y – 12.5		加工方腔程序
G02 X – 22.5 Y – 22.5 R10		
G01 X – 12.5		
G02 X – 22.5 Y – 12.5 R10		
G01 Y12.5		
G02 X – 12.5 Y12.5 R10		
G01 X12.5		
G02 X22.5 Y12.5 R10		
G01 Y0		
G40 G0 X0		取消刀具半径补偿
M99		返回主程序
工步 3 加工子程序	对应点	知识点
O3000		加工外八边形子程序地址
G42 G0 Y10		建立刀具半径右补偿
G03 X37 Y0 R10		加工八边形子程序
G01 Y – 15.3		
G01 X – 15.3 Y – 37		
G01 X15.3		
G01 X – 37 Y – 15.3		
G01 Y15.3		
G01 X – 15.3 Y37		
G01 X15.3		
G01 X37 Y15.3		
G01 Y0		
G03 X53 Y – 10 R10		
G40 G0 Y0		取消刀具半径补偿
M99		返回主程序

加工零件的技术评价见表 2.2.5。

表 2.2.5 技术评价

零件名称	平面轮廓类零件		允许读数误差		±0.01 mm	考评员评价
序号	项目	尺寸要求	使用的量具	测量结果	项目判定	
1	圆腔	$\phi 65^{+0.035}_{0}$ mm	内测千分尺			
2	内方腔	$45^{+0.035}_{0}$ mm	内测千分尺			
3	正八边形	$74^{0}_{-0.05}$ mm	千分尺			
4	$\phi 65$ mm 圆腔深度	$10^{+0.1}_{0}$ mm	深度千分尺			
5	工件总高	$20^{+0.05}_{0}$ mm	深度千分尺			
结论			通过		不通过	

五、注意事项

编写特殊零件程序时,要注意公式的正确性;找准变量与自变量的关系时,特别要注意加工顺序,一定要按照自上而下的方法进行加工,否则会有多余的加工动作,影响加工效率。

随堂笔记

随学随记,记下学习的重点内容,总结个人的收获,积累学习经验,养成良好的学习习惯。记录见表 2.1.6。

表 2.2.6 随堂笔记

学习内容	收获与体会

任务实施路径与步骤

一、任务实施路径

引导学生按照实施路径完成项目任务,并形成良好的分析思维。实施路径如图

2.2.3 所示。

二、任务实施步骤

1. 任务要求。了解岗位身份,弄清任务要求。(0.1 学时)

2. 识读零件图样。了解图样的加工要求,弄清要加工的表面和特征,看清基本尺寸、精度、表面质量等方面具体需要达到的要求。(0.2 学时)

3. 制订加工方案。制订加工工艺和可行性加工方案,最后经比较确定出最合理的加工方案,确定出合理的工量刃具。(0.4 学时)

4. 计算基点坐标。根据图样尺寸要求,并结合加工方案,确定出合理的编程原点,建立编程坐标系,利用数学计算能力,正确计算出各个基点的坐标值。

5. 编制加工程序。首先根据上述加工方案的选择,确定走刀路线,结合基础篇章编程基础知识、数控车削指令应用知识,选择需要使用的指令,最后按照零件轮廓编制出数控加工程序和相关辅助程序。(1 学时)

6. 任务评价。首先学生自己评价出图样程序的编制代码,然后学生互相评价,最后指导教师再评价并给定成绩。(0.2 小时)

7. 任务总结。学生总结这次工作过程,在小组中交流,并选小组代表在全班介绍,讨论编制程序时出现的问题和解决的方法。(0.1 学时)

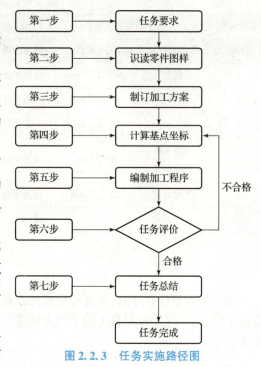

图 2.2.3　任务实施路径图

工作任务实施

一、组织方式

每 6 位同学一组,1 台六角桌,分配出不同角色,并确定出各自的任务。

二、工作准备

每桌配有学习手册、工作任务要求、活页教材、活页夹、计算机及切削加工手册等学习用品。

工作评价

工作评价采用学生自评 + 学生互评 + 教师评价、素质评价 + 能力评价、过程评价 + 结果评价多元评价模式,见表2.2.6。

表 2.2.6　工作评价表

评价内容		分值	自评(20%)	互评(20%)	教师评价(60%)	得分
工作过程	学习态度	20				
	通识知识	20				
	关键能力	20				
工作成果	成果质量	40				
合计						

课后训练

完成二维码所示零件的加工方案和工艺规程的制订,并进行程序编制。

任务 2　特殊曲面类零件铣削编程

教学目标

1. 素质目标:具备正确的社会主义核心价值观和道德法律意识;具备精益求精、追求卓越的工匠精神和严谨细致、踏实肯干的工作作风;具备良好的团队协作精神、协调能力、组织能力和管理能力。

2. 知识目标:了解特殊曲面类零件的加工过程,掌握特殊曲面类零件图的识图方法,掌握特殊曲面类零件数控加工工艺及工艺装备的知识,理解数控编程通用宏指令及各函数指令的含义,掌握各个指令的使用方法。

3. 能力目标:会根据特殊曲面类零件的数学公式编写加工宏程序,能够制订特殊曲面类零件数控车削加工工艺方案,根据宏循环指令完成特殊曲面零件的编程,能够合理利用变量之间的关系和算术运算符号编写特殊曲面类零件的加工宏程序。

工作任务要求

学生以企业编程员的身份接受轴类零件的编程任务,根据特殊曲面类零件的结构特征、加工精度等信息,制订合理的工艺方案,选择合理的刀具及量具等,选择合理的编程指令,按照数控系统编制出合理的数控程序,完成轴类特殊曲面类零件的编程任务。

工作过程要领

一、识读零件图样

正确识读如图 2.2.4 所示特殊曲面类零件图的组成部分。

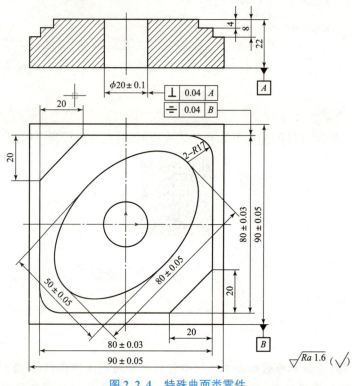

图 2.2.4　特殊曲面类零件

通过观察图纸,从轮廓、尺寸精度、形位公差等方面分析图纸,可知其加工内容,见表 2.2.7。

表 2.2.7　特殊曲面类零件图样分析

图样名称	特殊曲面零件加工
加工表面	图形中包括 50 mm×80 mm 的外斜椭圆、φ20 mm 中心孔和带圆角外形,轮廓图形较为简单。主要考察外斜椭圆零件的宏程序编程方法和思路。以 90 mm×90 mm 的四边形轮廓及其底面作为加工定位基准面,因此可以按照正常的加工顺序自上而下加工
加工精度	50 mm×80 mm 的外斜椭圆、80 mm×80 mm 的外形尺寸、90 mm×90 mm 的外形尺寸,尺寸精度较高,公差为 0.03~0.05 mm;φ20 mm 中心孔属于中等精度。深度尺寸属于未注公差,按照中等精度控制
表面质量	除非加工表面外,其余所有表面按照铣削加工常用表面粗糙度 $Ra1.6$ μm 进行加工
技术要求	所有棱边倒角均为 $C1$;未注公差尺寸按 GB 1804-M 进行加工;毛坯为低碳钢,圆棒料

二、制订加工方案

此零件为单件小批量生产,采用数控加工时,应当尽量在一次装夹中完成多个表面的加工,因此,采用根据装夹次数的方法来确定加工工序。加工方案分析见表 2.2.8,工艺分析见表 2.2.9。

表 2.2.8　特殊曲面类零件加工方案分析

项　目	分析内容
工艺分析	见表 2.2.9
刀具分析	根据图纸分析,该零件以外轮廓加工为主,其中有一处中心孔,属于内轮廓加工。加工外轮廓刀具可以选择较大直径的立铣刀。内轮廓刀具根据内孔直径来确定。本例选用 ϕ10 mm 键槽铣刀完成所有外轮廓和内孔的零件加工
量具分析	通过图样分析,最高精度公差为 0.03~0.05 mm,使用外径千分尺测量能够满足要求,长度使用游标卡尺能够满足要求。表面粗糙度需使用表面粗糙度测量仪检测
夹具分析	通过图样分析,此类零件属于正方形板料毛坯,装夹使用精密平口钳即可,定位选取 90 mm × 90 mm 的正方体外表面作为加持面。一次装夹完成全部加工表面,以保证对称度

表 2.2.9　特殊曲面类零件工艺分析

零件名称	底座零件	机械加工工艺过程卡	毛坯种类	棒料	共 1 页
			材料	45 钢	第 1 页
工序号	工序名称	工序内容	加工刀具		工艺装备
10	备料	备料 91 mm×91 mm×22mm,材料为 45 钢			
20	数铣	工步 1:铣削 90 mm×90 mm 的正方形表面,保证加工精度	ϕ10 mm 立铣刀		精密平口钳
		工步 2:铣削 80 mm×50 mm 的斜椭圆,加工深度达到图纸要求 4 mm	ϕ10 mm 立铣刀		
		工步 3:铣削 80 mm×80 mm 的带斜角的正方形,加工深度达到图纸要求 8 mm	ϕ10 mm 立铣刀		
30	数铣	铣削加工 ϕ20 mm 的内孔表面,加工深度贯穿整体	ϕ10 mm 键槽铣刀		精密平口钳
40	钳工	锐边倒钝,去毛刺	钳台		台虎钳
50	清洗	用清洗剂清洗零件			
60	检验	按图样尺寸检测			
编制		日期		审核	日期

三、计算基点坐标

根据零件图找出各个基点,再根据各工序确定出对应基点坐标值,如图 2.2.6 所示。本次任务零件,只需知道图 2.2.5 所示的点 1 和点 2 的基点坐标即可,其他各点均与点 1 和点 2 有对称关系。

(一)FANUC 宏程序相关知识点

用户宏程序由于允许使用"变量算术和逻辑运算及条件转移",使得编制相同加工操作的程序更方便、更容易,可将相同加工操作编为通用程序,如型腔加工宏程序和固定加工循环宏程序。使用时,加工程序可用一条简单指令调出用户宏程序,和调用子程序完全一样。

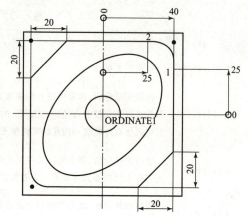

图 2.2.5 基点坐标图

1. 变量表示

#I(I = 1,2,3,…)或#[<式子 >]
例:#5,#109,#501,#[#1 + #2 – 12]

2. 变量的使用

(1)地址字后面指定变量号或公式

格式:

```
<地址字 >#I
<地址字 > – #I
<地址字 >[ <式子 >]
```

例:F#103,设#103 = 15,则为 F15。
Z – #110,设#110 = 250,则为 Z – 250。

(2)变量号可用变量代替

例:#[#30],设#30 = 3,则为#3。

(3)变量不能使用地址 O,N,I

例:下述方法下允许

```
O#1;
I#2 6.00 ×100.0;
N#3 Z200.0;
```

(4)变量号所对应的变量,对每个地址来说,都有具体数值范围

例:#30 = 1100 时,则 M#30 是不允许的。

(5)#0 为空变量,没有定义变量值的变量也是空变量

(6)变量值定义

程序定义时,可省略小数点,例:

```
#123 =149
```

3. 变量的种类

（1）局部变量#1 ~ #33

一个在宏程序中局部使用的变量。

例：

```
A 宏程序        B 宏程序
…              …
#10 =20        X#10 不表示 X20
…              …
```

断电后清空,调用宏程序时代入变量值。

（2）公共变量#100 ~ #149,#500 ~ #531

4. 运算指令

运算式的右边可以是常数、变量、函数、式子。

式中,#j,#k 也可为常量。式子右边为变量号、运算式。

（1）定义

```
#I = #j
```

（2）算术运算

```
#I = #j + #k
#I = #j – #k
#I = #j * #k
#I = #j /#k
```

（3）优先级

函数→乘除(* ,1,AND)→加减(+ , – ,OR,XOR)。

例：

```
#1 = #2 + #3 * SIN[ #4];
```

（4）括号为中括号,最多5重,圆括号用于注释语句

例：

```
#1 = SIN[[[ #2 + #3] * #4 + #5] * #6];(3 重)
```

5. 转移与循环指令

（1）无条件的转移

格式：

```
GOTO 1;
GOTO #10;
```

（2）条件转移

格式：

```
IF[ <条件式 >] GOTO n
```

条件式：

```
#j EQ#k 表示 =
#j NE#k 表示 ≠
#j GT#k 表示 >
#j LT#k 表示 <
#j GE#k 表示 ⩾
#j LE#k 表示 ⩽
```

例：

```
IF[ #1 GT 10] GOTO 100;
   …
  N100 G00 691 X10;
```

例：求 1~10 之和。

```
O9500;
#1 =0
#2 =1
N1 IF [#2 GT10] GOTO 2
#1 = #1 + #2;
#2 = #2 +1;
GOTO 1
N2 M301. 循环
```

格式：

```
WHILE[ <条件式 >]DOm;(m =1,2,3)
…
…
…
ENDm
```

说明：①条件满足时，执行 DOm 到 ENDm，当 DOm 的程序段不满足时，从 ENDm 之后的程序段开始执行。

②省略 WHILE 语句，只有 DOm…ENDm 时，则从 DOm 到 ENDm 之间形成死循环。

（3）嵌套

例：求 1~10 之和。

```
O0001;
#1 =0;
#2 =1;
```

```
WHILE［#2 LE10］DO1;
#1 = #1 + #2;
#2 = #2 + #1;
END1;
M30;
```

6. 椭圆参数方程(图2.2.6)

四、编制加工程序

根据上表零件编程工艺要求,利用手工编程中的宏变量结合椭圆方程编写相应加工程序。

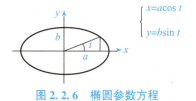

$$\begin{cases} x = a\cos t \\ y = b\sin t \end{cases}$$

图2.2.6　椭圆参数方程

(一)工序10

准备毛坯,尺寸为91 mm×91 mm,材料为45钢。将零件安装于精密平口钳上。通过精密等高垫铁调整安装高度,保证露出高度大于22 mm。

(二)工序20

铣削90 mm×90 mm的正方形表面,保证加工精度;铣削80 mm×50 mm的斜椭圆,加工深度达到图纸要求4 mm;铣削80 mm×80 mm的带斜角的正方形,加工深度达到图纸要求8 mm。选用 ϕ10 mm立铣刀加工此椭圆。此零件的数控加工程序见表2.2.10。

表2.2.10　特殊曲面类零件加工程序表

工步1加工程序	对应点	知识点
%		铣削90 mm×90 mm的正方形表面
G0 G17 G40 G49 G80 G90		程序初始化
G54 G0 X－70. Y－10.		建立坐标系
S2000 M3		主轴正转
Z10.		起刀点
G1 Z－15. F600.		下刀深度
X－60. F200.		刀具切入加工
G3 X－50. Y0. I0. J10.		
G1 Y45.		
G2 X－45. Y50. I5. J0.		
G1 X45.		
G2 X50. Y45. I0. J－5.		
G1 Y－45.		
G2 X45. Y－50. I－5. J0.		

工步 1 加工程序	对应点	知识点
G1 X – 45.		
G2 X – 50. Y – 45. I0. J5.		
G1 Y0.		
G3 X – 60. Y10. I – 10. J0.		
G1 X – 70.		
G0 Z25.		
M5		主轴停止
G91 G28 Z0.		返回 Z 向参考点
G28 X0. Y0.		返回 X、Y 向参考点
M30		程序结束
%		

工步 2 加工程序	对应点	知识点
%		铣削斜椭圆加工程序
G54 G0 X0 Y0 Z30		建立坐标系并定位
M03 S800		主轴正转
G68 X0 Y0 P45		椭圆旋转 45°
G00 X45 Y0 M08;		快速定位至加工起点,打开冷却液
Z3		Z 向定位至加工起点
G01 Z – 4 F100		椭圆加工深度
#2 = 0;		给角度赋 0 初值
WHILE #2 LE 360;		当角度≤360°时,执行循环体内容
#11 = 40 * COS［#2 * PI/180］;		用椭圆的标准参数方程求动点 M 的 X 坐标值
#12 = 25 * SIN［#2 * PI/180］;		用椭圆的标准参数方程求动点 M 的 Y 坐标值
G42 G64 G01 X［#11］Y［#12］D01;		用直线插补指令加工至 M 点,即用直线段逼近椭圆
#2 = #2 + 0.5;		角度递增步长取 0.5°
ENDW		循环结束
G40 G01 X45 Y15;		切出椭圆至 C 点,同时取消半径补偿
G69		取消旋转指令

学习笔记

工步2加工程序	对应点	知识点
M09		冷却液停止
G28 G91 Z0		Z轴返回参考点
M05		主轴停止
M30		程序结束

工步3加工程序	对应点	知识点
%		加工带倒角的80 mm×80 mm正方形
G0 G17 G40 G49 G80 G90		程序初始化
G0 G90 G54 X6. Y−65.		建立坐标系并定位
S2000 M3		主轴正转,转速2 000 mm/min
G43 H1 Z25. Z10.		建立长度补偿
G1 Z−8. F600.		下刀至加工深度
Y−55. F200.		加工轮廓
G3 X−4. Y−45. I−10. J0.		
G1 X−28.		
G2 X−45. Y−28. I0. J17.		
G1 Y20.		
G2 X−43.536 Y23.536 I5. J0.		
G1 X−23.536 Y43.536		
G2 X−20. Y45. I3.536 J−3.536		
G1 X28.		
G2 X45. Y28. I0. J−17.		
G1 Y−20.		
G2 X43.536 Y−23.536 I−5. J0.		
G1 X23.536 Y−43.536		
G2 X20. Y−45. I−3.536 J3.536		
G1 X−4.		
G3 X−14. Y−55. I0. J−10.		
G1 Y−65.		
G0 Z25.		
M5		主轴停止
G91 G28 Z0.		返回Z轴参考点

工步3 加工程序	对应点	知识点
G28 X0. Y0.		返回 X、Y 轴参考点
M30		程序结束

工序30 加工程序	对应点	知识点
%		加工 $\phi 20$ mm 的内孔程序
G0 G90 G54 X0. Y0. Z100.		建立坐标系,程序定位
S2000 M3		主轴正转,转速 2 000 mm/min
G43 H2 Z25. Z10.		建立键槽铣刀长度补偿
G0 X3.		内孔加工起点
G1 Z－5.5 F25.		初始加工深度
G3 X0. Y3. I－3. J0. F50.		加工整圆
X－3. Y0. I0. J－3.		
X0. Y－3. I3. J0.		
X3. Y0. I0. J3.		
G0 Z25. X0.5 Z10.		
G1 Z－11. F25.		
G0 Z25. X3. Z10.		
G1 Z－11. F25.		
G3 X0. Y3. I－3. J0. F50.		
X－3. Y0. I0. J－3.		
X0. Y－3. I3. J0.		
X3. Y0. I0. J3.		
G0 Z25.		
X0.5 Z10.		
G1 Z－16.5 F25.		
G0 Z25. X3. Z10.		
G1 Z－16.5 F25.		
G3 X0. Y3. I－3. J0. F50.		
X－3. Y0. I0. J－3.		
X0. Y－3. I3. J0.		

学习笔记

工步30 加工程序	对应点	知识点
X3. Y0. I0. J3.		
G0 Z25.		
X0. 5		
Z10.		
G1 Z − 22. F25.		
G0 Z25. X3. Z10.		
G1 Z − 22. F25.		
G3 X0. Y3. I − 3. J0. F50.		
X − 3. Y0. I0. J − 3.		
X0. Y − 3. I3. J0.		
X3. Y0. I0. J3.		
G0 Z25.		
M5.		主轴停止
G91 G28 Z0.		返回 Z 轴参考点
G28 X0. Y0.		返回 X、Y 轴参考点
M30		程序结束

工序40:锐边倒钝,去毛刺。借助倒角器或其他工具去除毛刺。

工序50:用清洗剂清洗零件,以去除零件表面杂质,防止工件生锈。

工序60:按图样尺寸检测。借助三坐标测量机或手工测量工具进行工件检测。

此零件的技术评价表见表 2.2.11。

表 2.2.11　加工技术评价表

零件名称		特殊曲面类零件		允许读数误差		±0.01 mm	考评员评价
序号	项目	尺寸要求/mm	使用的量具	测量结果		项目判定	
1	外正方形	90 ± 0.05	千分尺				
2	带斜角外形	80 ± 0.03	千分尺				
3	斜椭圆	50 ± 0.05	千分尺				
4	斜椭圆	80 ± 0.05	千分尺				
5	$\phi20$ mm 圆腔深度	20 ± 0.1	内测千分尺				
6	工件总高	22	游标卡尺				
结论			通过		不通过		

五、注意事项

编写宏变量程序时,必须要注意变量表达式的书写格式,还要注意自变量递增角度,递增角度过大往往会影响零件轮廓的表面加工质量。

随学随记,记下学习的重点内容,总结个人的收获,积累学习经验,养成良好的学习习惯。记录见表2.1.12。

表 2.2.12　随堂笔记

学习内容	收获与体会

一、任务实施路径

引导学生按照实施路径完成项目任务,并形成良好的分析思维。实施路径如图2.2.7所示。

二、任务实施步骤

1. 任务要求。了解岗位身份,弄清任务要求。(0.1学时)

2. 识读零件图样。了解图样的加工要求,弄清要加工的表面和特征,看清基本尺寸、精度、表面质量等方面具体需要达到的要求。(0.2学时)

3. 制订加工方案。制订加工工艺和可行性加工方案,最后经比较确定出最合理的加工方案,确定出合理的工量刃具。(0.4学时)

4. 计算基点坐标。根据图样尺寸要求,并结合加工方案,确定出合理的编程原点,建立编程坐标系,利用数学计算能力,正确计算出各个基点的坐标值。

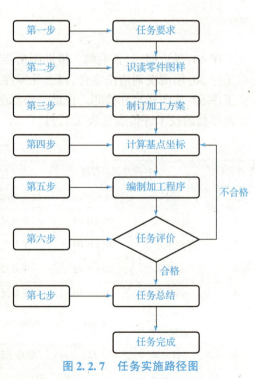

图 2.2.7　任务实施路径图

5. 编制加工程序。首先根据上述加工方案的选择,确定走刀路线,结合基础篇章编程基础知识、数控车削指令应用知识,选择需要使用的指令,最后按照零件轮廓编制出数控加工程序和相关辅助程序。(1 学时)

6. 任务评价。首先学生自己评价出图样程序的编制代码,然后学生互相评价,最后指导教师再评价并给定成绩。(0.2 小时)

7. 任务总结。学生总结这次工作过程,在小组中交流,并选小组代表在全班介绍,讨论编制程序时出现的问题和解决的方法。(0.1 学时)

工作任务实施

一、组织方式

每 6 位同学一组,1 台六角桌,分配出不同角色,并确定出各自的任务。

二、工作准备

每桌配有学习手册、工作任务要求、活页教材、活页夹、计算机及切削加工手册等学习用品。

工作评价

工作评价采用学生自评 + 学生互评 + 教师评价、素质评价 + 能力评价、过程评价 + 结果评价多元评价模式,见表 2.2.13。

表 2.2.13　工作评价表

评价内容		分值	自评(20%)	互评(20%)	教师评价(60%)	得分
工作过程	学习态度	20				
	通识知识	20				
	关键能力	20				
工作成果	成果质量	40				
合计						

课后训练

完成二维码所示零件的加工方案和工艺规程的制订,并进行程序编制。

项目三 数控加工中心零件编程

任务 孔系零件加工中心编程

教学目标

1. 素质目标:具备正确的社会主义核心价值观和道德法律意识;具备精益求精、追求卓越的工匠精神和严谨细致、踏实肯干的工作作风;具备良好的团队协作精神、协调能力、组织能力和管理能力。

2. 知识目标:了解孔系零件的加工过程,掌握孔系零件图的识图方法,掌握孔系零件数控加工工艺及工艺装备的知识,理解数控编程通用指令及数控铣削指令的含义,掌握各个指令的使用方法。

3. 能力目标:会分析孔零件图样,能够制订孔系零件数控车削加工工艺方案,会选择数控编程指令,能够编写出孔系零件的数控加工中心程序。

工作任务要求

学生以企业编程员的身份接受孔系零件的编程任务,根据孔系零件的结构特征、加工精度等信息,制订合理的工艺方案,选择合理的刀具及量具等,选择合理的编程指令,按照数控系统编制出合理的数控程序,完成孔系零件的编程任务。

工作过程要领

一、识读零件图样

正确识读如图2.3.1所示模块零件图的组成部分。

由图2.3.1所示模块分析可知,其主要工作任务见表2.3.1。

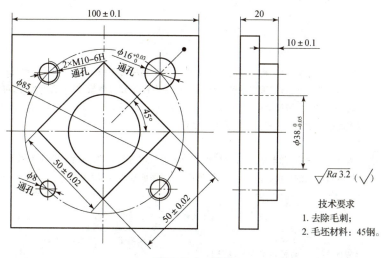

$$\sqrt{Ra\ 3.2}\ (\sqrt{})$$

技术要求
1. 去除毛刺;
2. 毛坯材料: 45钢。

图 2.3.1　模块

表 2.3.1　模块图样分析

图样名称	模块
加工表面	包括 100 mm×100 mm 外四边形体,50 mm×50 mm 外四边形体,ϕ8 mm 通孔,$\phi16^{+0.03}_{0}$ mm 通孔,$\phi38^{0}_{-0.05}$ mm 圆孔,2×M10−6H 螺纹孔表面
加工精度	50 mm×50 mm 外四边形体精度较高,公差为 0.04 mm;$\phi16^{+0.03}_{0}$ mm 通孔和 $\phi38^{0}_{-0.05}$ mm 圆孔尺寸精度较高,公差为 0.03 mm 和 0.05 mm;2×M10−6H 内螺纹面精度较高,公差等级为 IT6 级,基本偏差为 H;100 mm×100 mm 外四边形体精度一般,公差为 0.2mm;ϕ8 mm 通孔为一般公差,精度较低
表面质量	除 ϕ8 通孔表面质量较低外,其他表面粗糙度为 Ra3.2 μm
技术要求	此零件未设置形位公差要求,零件材料为 45 钢,加工后需去除毛刺

二、制订加工方案

通过企业调研发现,任何一个产品在批量加工前,都需要先进行样件试切,当样件试切合格后,再进行批量加工。下面就根据图 2.3.1 所示的要求,制订样件试切的加工工艺过程。因为样件试切属于单件小批量生产,采用数控加工时,也应当尽量在一次装夹中完成多个表面的加工,因此,在确定加工工艺过程时,采用根据装夹次数的方法来确定加工工序。加工方案分析见表 2.3.2。

表 2.3.2　模块加工方案分析

项　目	分析内容
工艺分析	见表 2.3.3
刀具分析	根据图样分析,100 mm×100 mm 及 50 mm×50 mm 属于外四边形体,可采用 ϕ16 mm 立铣刀完成四边形体的粗精加工;ϕ8 mm 通孔、ϕ16 mm 通孔、ϕ38 mm 圆孔、2×M10−6H 螺纹孔表面在加工前,需钻定位孔、钻底孔、扩孔、铰孔、攻丝、镗孔加工,因此可采用 A3 中心钻、ϕ8 mm 钻头、ϕ15.8 mm 扩孔钻、ϕ16 mm 铰刀、M10 丝锥、ϕ37.8 mm 扩孔钻、镗孔刀完成各个孔的加工过程

项　目	分析内容
量具分析	通过图样分析,对于精度较高的外表面,可使用精度为 0.01 mm 的外径千分尺测量;对于精度较高的内孔表面,可以采用精度为 0.01 mm 的内径千分尺测量;对于高度尺寸,可使用精度为 0.02 mm 的游标卡尺测量;对于螺纹孔的检测,可以采用 M10 的螺纹塞规检测;表面粗糙度需使用表面粗糙度测量仪检测或样板进行比对
夹具分析	通过图样分析,此毛坯为长方体,因此选用平口钳进行装夹,在保证加工有效高度的前提下,夹持尽可能长的长度,并在下面垫等高垫铁,以保证零件的加工刚性

表 2.3.3　孔系零件工艺分析

零件名称	孔系零件	数控加工工艺过程卡	毛坯种类	棒料	共 1 页
			材料	45 钢	第 1 页
工序号	工序名称	工序内容	设备	工艺装备	
10	备料	备料 105 mm × 105 mm × 25mm,材料为 45 钢			
20	数控加工中心	20.1:粗精加工 50 mm × 50 mm 和 100 mm × 100 mm 外四边形体,加工深度为 10 mm 和 20 mm	VMC850	平口钳	
		20.2:钻各个孔的中心孔,保证各孔的位置			
		20.3:钻 $\phi 8$ mm 的通孔			
		20.4:钻螺纹孔、$\phi 16$ mm 及 $\phi 38$ mm 孔的底孔,底孔直径为 $\phi 8.5$ mm			
		20.5:用丝锥加工 $2 \times M10 - 6H$ 螺纹孔			
		20.6:用 $\phi 15.8$ mm 扩孔钻扩钻 $\phi 16$ mm 的底孔			
		20.7:用 $\phi 16$ mm 的机用铰刀铰削 $\phi 16$ mm 的孔			
		20.8:用 $\phi 37.8$ mm 扩孔钻二次扩钻 $\phi 38$ mm 的底孔			
		20.9:用镗刀镗削 $\phi 38$ mm 的孔			
30	数控加工中心	翻面装夹,加工下面,保证总体高度	VMC850	平口钳	
40	钳工	锐边倒钝,去毛刺	钳台	台虎钳	
50	清洗	用清洗剂清洗零件			
60	检验	按图样尺寸检测			
编制		日期	审核	日期	

三、计算基点坐标

(一)编程原点

工序 20：选取工件上面的中心点 $O_\text{上}$ 为编程原点。

工序 30：选取工件下面的中心点 $O_\text{下}$ 为编程原点。

(二)基点坐标

根据模块零件图，找出各个基点，再根据各工序确定出对应基点坐标值，如图 2.3.2 所示。

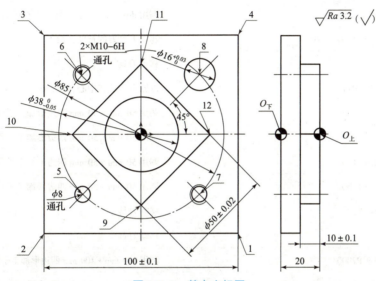

图 2.3.2　基点坐标图

工序 20：选取工件上面中心为编程原点，主要加工外四边形体以及各个孔，因此各基点相对于上面中心点的坐标值见表 2.3.4。

表 2.3.4　基点坐标值

名称	X 坐标	Y 坐标	Z 坐标
编程原点 $O_\text{上}$	$X0$	$Y0$	$Z0$
基点 1	$X50$	$Y-50$	$Z-20$
基点 2	$X-50$	$Y-50$	$Z-20$
基点 3	$X-50$	$Y50$	$Z-20$
基点 4	$X50$	$Y50$	$Z-20$
基点 5	$X-30.05$	$Y-30.05$	$Z-20$
基点 6	$X-30.05$	$Y30.05$	$Z-20$
基点 7	$X30.05$	$Y-30.05$	$Z-20$
基点 8	$X30.05$	$Y30.05$	$Z-20$

四、编制加工程序

工序 20：加工上面轮廓。

数控加工程序见表 2.3.5。

表 2.3.5　工序 20 数控程序

加工程序（工序 20）	基点	程序知识点
O1000		加工零件程序名
N10 G54 G90 G00 X0 Y0 Z200		建立 G54 工件坐标系
N20 M06 T01 M03 S600		调用 ϕ16 mm 立铣刀，转速为 600 mm/min
N30 G43 G00 Z100 H01 M07		建立 1 号刀的长度补偿
N40 G00 Z10		移动刀具
N50 G68 X0 Y0 P45		以原点为旋转中心，旋转 45°
N60 D01 M98 P1100		调用 50 mm × 50 mm 四边形加工子程序 D01 = 22
N70 D02 M98 P1100		调用 50 mm × 50 mm 四边形加工子程序 D02 = 14
N80 D03 M98 P1100		调用 50 mm × 50 mm 四边形加工子程序 D03 = 8.5
N90 D04 M98 P1100		调用 50 mm × 50 mm 四边形加工子程序 D04 = 8
N100 G00 X60 Y0		移动刀具
N110 Z – 20		移动刀具
N120 D11 M98 P2000		调用 100 mm × 100 mm 四边形加工子程序 D11 = 8.5
N130 D12 M98 P2000		调用 100 mm × 100 mm 四边形加工子程序 D12 = 8
N140 G49 G0 Z200 M09		取消长度补偿
N150 M06 T02 M03 S850		调用 A3 中心钻，转速为 850 mm/min
N160 G43 G0 Z50 H02 M07		调用 2 号刀的长度补偿
N170 G00 Z5		移动刀具
N180 G00 X – 29.6 Y30		移动刀具
N190 G01 Z5 F30		移动刀具
N200 G99 G81 X – 30 Y30 Z – 13 R2 P1 F80	6	加工 M10 中心孔
N210 X30 L1	8	加工 ϕ16 mm 中心孔
N220 Y – 30 L1	7	加工 M10 中心孔
N230 X – 30 L1	5	加工 ϕ8 mm 中心孔
N240 G49 G00 Z300 M09		取消长度补偿
N250 M06 T03		调用 ϕ8 mm 钻头
N260 G43 G0 Z50 H03 M07		调用 3 号刀的长度补偿

加工程序(工序20)	基点	程序知识点
N270 M03 S750		主轴正转
N280 G00 Z5		移动刀具
N290 G99 G81 X−30 Y30 Z−23 R2 F100	5	加工 $\phi8$ mm 的孔
N300 G49 G00 Z300 M09		取消长度补偿
N310 M06 T04		调用加工 M10 的底孔钻
N320 G43 G00 Z50 H04 M07		调用 4 号刀的长度补偿
N330 M03 S650		主轴正转
N340 G00 Z5		钻 $\phi8.3$ mm 底孔,转速为 650 mm/min
N350 G99 G81 X−30 Y30 Z−23 R2 F100	6	加工 M10 螺纹底孔
N360 X30 Y−30 L1	7	移动刀具
N370 G49 G0 Z300 M09		取消长度补偿
N380 M06 T05		调用 M10 丝锥,转速为 320 mm/min
N390 G43 G00 Z50 H05 M07		调用 5 号刀的长度补偿
N400 M03 S320		主轴正转
N410 G00 Z10		移动刀具
N420 G99 G84 X−30 Y30 Z−23 R7 P1 F1.5	6	加工 M10 螺纹
N430 X30 Y−30 L1	7	移动刀具
N440 G49 G00 Z300 M09		取消长度补偿
N450 M06 T06		调用 $\phi14$ mm 钻头
N460 G43 G00 Z50 H06 M07		调用 6 号刀的长度补偿
N470 M03 S650		主轴正转
N480 G00 Z5		移动刀具
N490 G99 G81 X30 Y30 Z−24 R2 P1 F100	8	加工 $\phi16$ mm 的底孔
N500 X0 Y0 L1	$O_{上}$	加工 $\phi38$ mm 底孔
N510 G49 G00 Z300 M09		取消长度补偿
N520 M06 T07		调用 $\phi15.8$ mm 钻头
N530 M03 S650		主轴正转
N540 G43 G00 Z50 H07 M07		调用 7 号刀的长度补偿
N550 G0 Z5		移动刀具
N560 G99 G81 X30 Y30 Z−25 R2 P1 F100	8	加工 $\phi16$ mm 扩孔
N570 X0 Y0 L1	$O_{上}$	$\phi38$ mm 扩孔

加工程序(工序20)	基点	程序知识点
N580 G49 G00 Z300 M09		取消长度补偿
N590 M06 T08		调用 φ16 mm 绞刀
N600 G43 G00 Z50 H08 M07		调用 8 号刀的长度补偿
N610 M03 S200		主轴正转
N620 G00 Z5		建立刀具半径右补偿
N630 G01 Z－20 F20		移动刀具
N640 G01 Z5 F200		移动刀具
N650 G49 G0 Z300 M09		取消长度补偿
N660 M06 T09		调用 φ37.8 mm 钻头
N670 G43 G00 Z50 H09 M07		调用 9 号刀的长度补偿
N680 G00 Z5		移动刀具
N690 G99 G83 X0 Y0 Z－25 R2 P1 Q－5 K3 F100	$O_上$	加工 φ38 mm 底孔
N700 G49 G00 Z300 M09		取消长度补偿
N710 M06 T10		换刀
N720 G43 G00 Z50 H10		调用 10 号的刀长度补偿
N730 G00 Z5		移动刀具
N740 G99 G76 X0 Y0 Z－22 R3 P1 I－0.5 J0 F60	$O_上$	镗 φ38 mm 的孔,保证加工精度
N750 G49 G00 Z300 M09		取消长度补偿
N760 M05		主轴停转
M30		程序结束并返回程序开始处
N770 %1100		50 mm×50 mm 四边形子程序
N780 G00 X60		建立刀具半径补偿
N790 G01 Z－10 F50		移动刀具
N800 G41 G00 X60 Y35		建立左刀补
N810 G03 X25 Y0 R35	9	圆弧切入
N820 G01 Y－25 F100	10	移动刀具
N830 X－25	11	移动刀具
N840 Y25	12	移动刀具
N850 X25		移动刀具

加工程序（工序20）	基点	程序知识点
N860 Y0		移动刀具
N870 G03 X60 Y – 35 R35		圆弧切出
N880 G40 G00 X60 Y0		取消刀具半径补偿
N890 G00 Z5		移动刀具
N900 G00 X0 Y0		移动刀具
N910 M99		子程序结束
N920 %2000		100 mm×100 mm 四边形加工子程序
N930 G41 X60 Y10		建立刀具半径补偿
N940 G03 X50 Y0 R10		圆弧切入
N950 G01 Y – 50	1	移动刀具
N960 X – 50	2	移动刀具
N970 Y50	3	移动刀具
N980 X50	4	移动刀具
N990 Y0		移动刀具
N1000 G03 X60 Y – 10 R10		移动刀具
N1010 G40 G00 X60 Y0		取消刀具半径补偿
N1020 M99		子程序结束

随堂笔记

　　随学随记，记下学习的重点内容，总结个人的收获，积累学习经验，养成良好的学习习惯。记录见表2.3.6。

表 2.3.6　随堂笔记

学习内容	收获与体会

任务实施路径与步骤

一、任务实施路径

引导学生按照实施路径完成项目任务,并形成良好的分析思维。实施路径如图 2.3.3 所示。

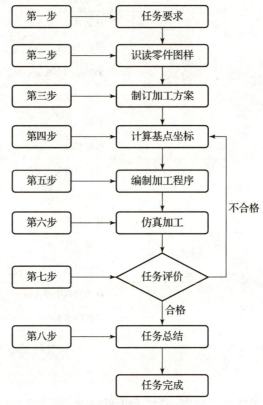

图 2.3.3　任务实施路径图

二、任务实施步骤

1. 任务要求。了解岗位身份,弄清任务要求。(0.1 学时)

2. 识读零件图样。了解图样的加工要求,弄清要加工的表面和特征,看清基本尺寸、精度、表面质量等方面具体需要达到的要求。(0.2 学时)

3. 制订加工方案。制订加工工艺和可行性加工方案,最后经比较确定出最合理的加工方案,确定出合理的工量刃具。(0.4 学时)

4. 计算基点坐标。根据图样尺寸要求,并结合加工方案,确定出合理的编程原点,建立编程坐标系,利用数学计算能力,正确计算出各个基点的坐标值。

5. 编制加工程序。首先根据上述加工方案的选择,确定走刀路线,结合基础篇章编程基础知识、数控车削指令应用知识,选择需要使用的指令,最后按照零件轮廓编制出数控加工程序和相关辅助程序。(1 学时)

6. 仿真加工。将编制出的数控程序,录入数控车削仿真软件中,规范操作数控加工中心机床,正确安装好毛坯、刀具,完成对刀操作,最后循环启动机床,仿真加工出模拟零件。

7. 任务评价。首先学生自己评价图样程序的编制代码,仿真加工路径,仿真加工过程中有无违反操作规程,模拟零件尺寸是否正确,然后学生互相评价,最后指导教师再评价并给定成绩。(0.2 小时)

8. 任务总结。学生总结这次工作过程,在小组中交流,并选小组代表在全班介绍,讨论编制程序及仿真加工时出现的问题和解决的方法。(0.1 学时)

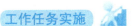 **工作任务实施**

一、组织方式

每 6 位同学一组,1 台六角桌,分配出不同角色,并确定出各自的任务。

二、工作准备

每桌配有学习手册、工作任务要求、活页教材、活页夹、计算机及切削加工手册等学习用品。

 工作评价

工作评价采用学生自评 + 学生互评 + 教师评价、素质评价 + 能力评价、过程评价 + 结果评价多元评价模式,见表2.3.7。

表 2.3.7　工作评价

评价内容		分值	自评(20%)	互评(20%)	教师评价(60%)	得分
工作过程	学习态度	20				
	通识知识	20				
	关键能力	20				
工作成果	成果质量	40				
合计						

 课后训练

完成二维码所示零件的加工方案和工艺规程的制订,并进行程序编制。

第三篇　数控加工技能篇

项目一　数控车仿真加工

任务1　数控车仿真软件基本操作

教学目标

1. 素质目标:具备正确的社会主义核心价值观和道德法律意识;具备精益求精、追求卓越的工匠精神和严谨细致、踏实肯干的工作作风;具备良好的团队协作精神、协调能力、组织能力和管理能力。

大国工匠

2. 知识目标:了解数控车削零件加工仿真的加工过程,掌握数控车削零件加工仿真操作步骤,掌握仿真软件的使用方法。

3. 能力目标:能够绘制数控车削零件的图样、选择数控系统、安装工件和毛坯、选择对刀方法和对刀工具、设置工件坐标系、导入加工程序、完成零件的仿真、进行工件测量。

工作任务要求

学生以企业编程员的身份接受零件的仿真任务,并能够独立完成零件加工程序的输入—安装工件和刀具—选择对刀基准工具—设置工件坐标系—零件仿真—工件测量全过程的操作,从而检验零件加工程序编制的正确性。

工作过程要领

一、斯沃模拟仿真软件基本使用方法介绍

(一)数控车床 FANUC 系统操作面板

数控车床 FANUC 系统操作面板主要包括显示器、MDI 键盘、"急停"按钮、功能键和机床控制面板几部分,界面如图 3.1.1 所示。

1. MDI 键盘(地址/数字键)

MDI 键盘用于字母、数字及其他字符的输入和修改,使用方法与计算机键盘相应键相似。键盘如图 3.1.2 所示。

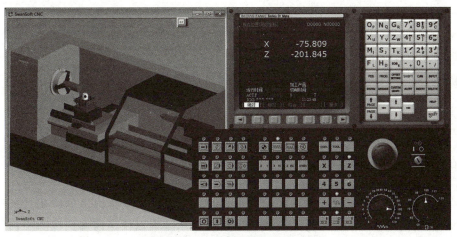

图 3.1.1 仿真界面操作图

图 3.1.2 MDI 键盘图

2. 机床控制面板

车床手动操作主要由控制面板各功能键完成。

机床控制键盘如图 3.1.3 所示。

图 3.1.3 机床控制键盘图

（1）点动进给

按一下手动按键，指示灯亮，系统处于点动运行方式，可点动移动机床坐标轴（下面以点动移动 X 轴为例说明）。

按压" + X"或" - X"按键，指示灯亮，X 轴将产生正向或负向连续移动；松开" + X"或" - X"按键，指示灯灭，X 轴即减速停止。用同样的操作方法使用" + Y"" - Y"" + Z"" - Z"按键，可以使 Y 轴、Z 轴产生正向或负向连续移动。

（2）点动快速移动

在点动进给时，若同时按压快进按键，则产生相应轴的正向或负向快速运动。

（3）点动进给速度选择

在点动进给时，进给速率为系统参数最高快移速度的 1/3 乘以进给修调，选择的进给倍率、点动快速移动的速率为系统参数最高快移速度乘以快速修调选择的快移倍率，进给或快速修调倍率被置为 100%。按一下" + "按键，修调倍率递增 10%；按一下" - "按键，修调倍率递减 10%。

（4）增量进给

按一下控制面板上的增量按键，指示灯亮，系统处于增量进给方式，可增量移动机床坐标轴（下面以增量进给 X 轴为例说明）。

按一下" + X "或" - X"按键，指示灯亮，X 轴将向正向或负向移动一个增量值；再按一下" + X"或" - X"按键，X 轴将向正向或负向继续移动一个增量值。用同样的操作方法使用" + Z"" - Z"按键，可以使 Z 轴向正向或负向移动一个增量值。

（5）主轴正反转及停止

在手动方式下，按一下"主轴正转"按键，指示灯亮，主电动机以机床参数设定的转速正转；按一下"主轴反转"按键，指示灯亮，主电动机以机床参数设定的转速反转；按一下"主轴停止"按键，指示灯亮，主电动机停止运转。

（6）主轴速度修调

主轴正转及反转的速度，可通过主轴修调调节。按压主轴修调右侧的"100%"按键，指示灯亮，主轴修调倍率被置为 100%。按一下" + "按键，主轴修调倍率递增 10%；按一下" - "按键，主轴修调倍率递减 10%。机械齿轮换挡时，主轴速度不能修调。

（7）机床锁住

机床锁住由机床控制面板上的"机床锁住"键完成。要禁止机床所有运动时，在手动运行方式下按一下"机床锁住"按键，指示灯亮，再进行手动操作，系统继续执行，显示屏上的坐标轴位置信息变化，但不输出伺服轴的移动指令，所以机床停止不动。

（8）Z 轴锁住

锁住 Z 轴由机床控制面板上的"Z 轴锁住"键完成。要禁止进刀，在手动运行开始前按一下"Z 轴锁住"按键，指示灯亮，再手动移动 Z 轴，Z 轴坐标位置信息变化，但 Z 轴不运动。

（9）冷却启动与停止

在手动方式下，按一下冷却开/停键，冷却液开，默认值为冷却液关，再按一下，又为冷却液关……如此循环。

3. 显示器和功能键(图 3.1.4)

图 3.1.4　显示器和功能键

(1)自动加工中的程序名和当前程序段行号

(2)坐标值

可以显示刀具当前位置,配合下方软键使用,可以显示当前位置的绝对坐标值、相对坐标值和综合坐标值。

(3)运行程序索引参数

此处可显示运行程序的进给速度、主轴转速、刀具号及运行时间等信息。

(4)功能软键

不同功能显示界面有不同的扩展功能,可通过软键打开各个扩展功能。

(5)数字/字母键

此处相当于编程小键盘,可以通过此键盘手动输入数控程序。

(6)编辑键

"INPUT"为输入键,把输入域内的数据输入参数页面或者输入一个外部的数控程序。

"ALTER"为替代键,用于输入的数据替代光标所在的数据。

"CAN"为修改键,消除输入域内的数据。

"EOB"为回撤换行键,结束一行程序的输入并且换行;

"DELETE""INSERT""SHIFT"键的功能与电脑键盘上的功能相同。

(7)页面切换键

"PROG"数控程序显示与编辑页面。

"POS"位置显示页面。位置显示有三种方式,用 PAGE 按钮选择。

"OFFSET SETTING"参数输入页面。按第一次进入坐标系设置页面,按第二次进入刀具补偿参数页面。进入不同的页面以后,用 PAGE 按钮切换。

"HELP"系统帮助页面。

"CUSTOMGRAPH"图形参数设置页面。

"MESSAGE"信息页面,如"报警"。

"SYSTEM"系统参数页面。

"RESET"复位键。

（8）翻页及光标移动键

可以向上或向下翻页，也可使用十字箭头方向键移动光标。

4."急停"按钮

面板右侧最大的红色按钮，主要用于控制操作面板的开关，可随时停止机床的运动。

（二）选择机床和数控系统

进入斯沃仿数控仿真软件，选择 FANUC –0iT 系统，如图 3.1.5 所示。

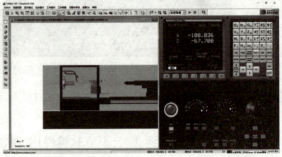

图 3.1.5　选择机床和数控系统

（三）刀具选择

进入数控加工仿真系统，在工艺流程主菜单的车刀刀库子菜单中选择各种刀具，并设置刀具的相应参数，如图 3.1.6 ~ 图 3.1.8 所示，然后单击"确定"按钮，就可以将各把车刀装在刀架上了。

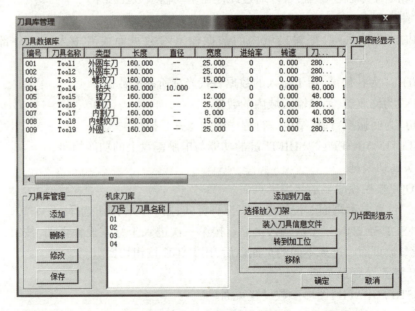

图 3.1.6　刀具选择（1）

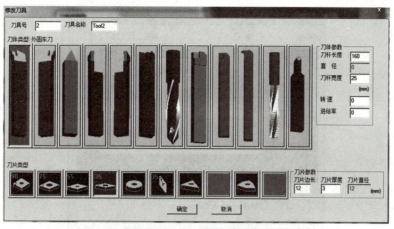

图 3.1.7　刀具选择（2）

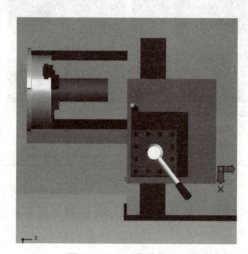

图 3.1.8　刀具选择（3）

（四）毛坯选择

进入数控加工仿真系统，在工艺流程主菜单的毛坯子菜单中按下"新毛坯"按钮，选择毛坯外径、内径、高、材料和夹具，然后按"确定"按钮，再选择安装此毛坯，即可将该毛坯装在卡盘上，最后调整伸出长度后加紧，如图 3.1.9 所示。

（五）数控车床模拟对刀方法介绍

1. 常用数控刀具的几何形状

常用数控车削刀具如图 3.1.10 所示。

2. 工件的装夹、刀具的安装与操作

（1）工件装夹

数控车床的夹具主要有卡盘和尾座。在工件安装时，首先根据加工工件尺寸选择卡盘，再根据其材料及切削余量的大小调整好卡盘卡爪夹持直径、行程和夹紧力。如有需要，可在工件尾座打中心孔，用顶尖顶紧。使用尾座时，应注意其位置、套筒行程和夹紧

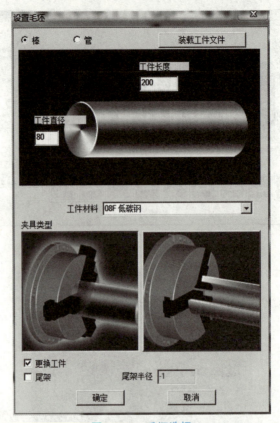

图 3.1.9　毛坯选择

力的调整。工件要留有一定的夹持长度,其伸出长度要考虑零件的加工长度及必要的安全距离。工件中心尽量与主轴中心线重合。如所要夹持部分已经经过加工,必须在外圆上包一层铜皮,以防止外圆面损伤。

(2)刀具的安装

根据工件及加工工艺的要求选择合理的刀具和刀片。首先将刀片安装在刀杆上,再将刀杆依次安装到刀架上,之后通过刀具干涉和加工行程图检查刀具安装尺寸。

要注意以下几项:

①安装前保证刀杆及刀片定位面清洁,无损伤。

②将刀杆安装在刀架上时,应保证刀杆方向正确。

③安装刀具时,需注意使刀尖等高于主轴的回转中心。

④车刀不能伸出过长,以免干涉或因悬伸过长而降低刀杆的刚性。

(3)手动换刀

数控车床的自动换刀装置,可通过程序指令使刀架自动转位,通过"MDI"和"自动"按钮加工程序均可,也可通过面板手动控制刀架换刀。

(4)对刀(本操作过程需在仿真软件上边演示边讲述)

对刀的目的是确定编程原点在机床坐标系中的位置,对刀点可以设定在零件、夹具或机床上,对刀时,应使对刀点与刀位点重合。虽然每把刀具的刀尖不在同一点上,但通

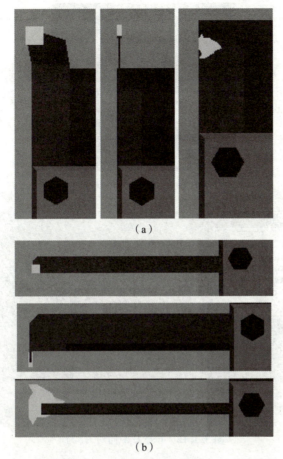

图 3.1.10　常用数控车削刀具

(a)常用外轮廓刀具;(b)常用内轮廓刀具

过刀补,可使刀具的刀位点都重合在某一理想位置上。编程人员只按工件的轮廓编制加工程序即可,而不用考虑不同刀具长度和刀尖半径的影响。

1)T0101 外圆刀(1 号刀)对刀

①按下"MDI"按钮,进入"MDI"模式,在 MDI 功能子菜单下,按 F6 键进入 MDI 运行方式,通过操作面板在光标闪动处输入"T0101;M03 S500;",按 Enter 键,将程序插入。再按"循环启动"按钮执行程序。换 1 号刀,按使主轴正转,转速为 500 r/min 左右。

②在手动或增量状态下将刀具移至工件附近(靠近时倍率要小些),手动用 1 号刀车削外圆。切削一小段足够卡尺测量外径的长度后,保持 X 轴不变,按" + Z"按键,使车刀沿 +Z 向退出,按下"主轴停"按钮,此时主轴停止转动。测量所切部分的外径,例如车削外径为 56.165 6 mm,则进入 MDI 方式,再按下"刀偏表"按钮,光标移至刀编号为 0001 的试切直径处,用键盘输入对应的测量 X 值,如 56.165 6, 然后按 Enter 键,完成 1 号刀 X 向对刀,如图 3.1.11 ~ 图 3.1.13 所示。

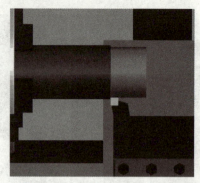

图 3.1.11　1 号刀 X 向对刀(1)

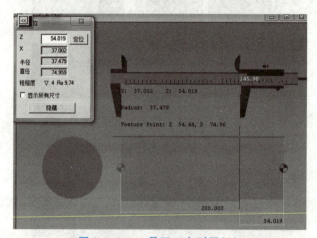

图 3.1.12　1 号刀 X 向对刀(2)

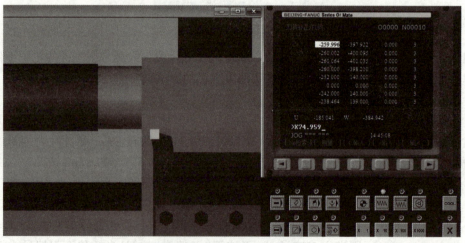

图 3.1.13　1 号刀 X 向对刀(3)

③再次启动主轴正转,切削端面,切削完毕后,保持 Z 轴不变,按" + X"按键,使车刀沿 + X 向退刀,让主轴停止转动。

④进入刀偏表,将光标移至刀编号为 0001 的试切长度处,用键盘输入对应的 Z 值"0",然后按 Enter 键,即完成 1 号刀 Z 向对刀,如图 3.1.14 所示。

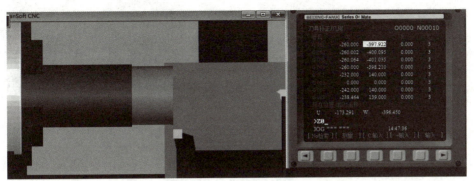

图 3.1.14　1 号刀 Z 向对刀

⑤1 号刀对刀完毕,将刀架移开,退至换刀位置附近。

2)T0202 外切槽刀(2 号刀)对刀

①在 MDI 方式下,调 2 号刀,按"主轴正转"按钮,使主轴旋转。

②在手动方式下,将刀具移至工件附近,越近时倍率要越小,使 2 号刀的左刀尖(刀位点)与已加工好的工件端面平齐,并接触工件的外圆,听见摩擦声或有微小铁屑。

③在刀偏表中,将光标移至刀编号为 0002 的试切直径和试切长度处,用键盘分别输入对应的 Z0 和 X56.165 6 数值,然后按 Enter 键,使主轴停止,完成 2 号刀 Z 向和 X 向对刀。

④完成 2 号刀对刀后,刀架移开,退到换刀位置,使主轴停转。

2 号刀对刀如图 3.1.15 所示。

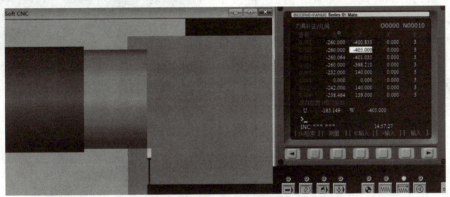

图 3.1.15　2 号刀对刀

3)T0303 外螺纹刀(3 号刀)对刀

①在 MDI 方式下,调 3 号刀,按"主轴正转"按钮,使主轴旋转。

②在手动状态下,将刀具移至工件附近,越近时倍率要越小,使 3 号刀的刀尖与已加工好的工件端面平齐,并接触工件的外圆,听见摩擦声或有微小铁屑。

③在刀偏表中,将光标移至刀编号为 0003 的试切直径和试切长度处,用键盘分别输入对应的 Z0 和 X56.165 6 数值,然后按 Enter 键,使主轴停止,完成 3 号刀 Z 向和 X 向对刀。

④刀架移开,退到换刀位置,主轴停转。

3 号刀对刀如图 3.1.16 所示。

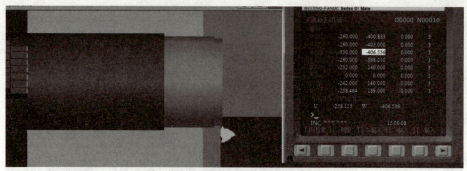

图 3.1.16　3 号刀对刀

4）T0404 内孔刀(4 号刀)对刀

①按下"MDI"按钮,进入"MDI"模式,在 MDI 功能子菜单下,按 F6 键进入 MDI 运行方式,通过操作面板在光标闪动处输入"T0404;M03 S500;",按 Enter 键,将程序插入。再按"循环启动"按钮执行程序,换 4 号刀,按使主轴正转,转速为 500 r/min 左右。

②在手动或增量状态下,将刀具移至工件附近(靠近时倍率要小些),手动用 4 号刀车削外圆。切削一小段足够卡尺测量外径的长度后,保持 X 轴不变,按" +Z"向按键,使车刀沿 +Z 向退出,按下"主轴停"按钮,此时主轴停止转动。测量所切部分的内径,例如车削内径为 30.19 mm,则进入 MDI 方式,再按下"刀偏表"按钮,光标移至刀编号为 0004 的试切直径处,用键盘输入对应的测量 X 值如 30.19,然后按 Enter 键,完成 4 号刀 X 向对刀。如图 3.1.17 ～图 3.1.19 所示。

图 3.1.17　4 号刀 X 向对刀(1)

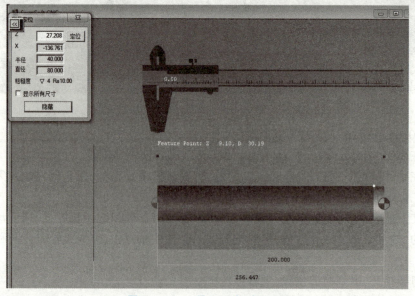

图 3.1.18　4 号刀 X 向对刀(2)

图 3.1.19　4 号刀 X 向对刀(3)

③再次启动主轴正转,切削端面,切削完毕后,保持 Z 轴不变,按"＋X"按键,使车刀沿 ＋X 向退刀,让主轴停止转动。

④进入刀偏表,将光标移至刀编号为 0004 的试切长度处,用键盘输入对应的 Z 值"0",然后按 Enter 键,即完成 4 号刀 Z 向对刀,如图 3.1.20 所示。

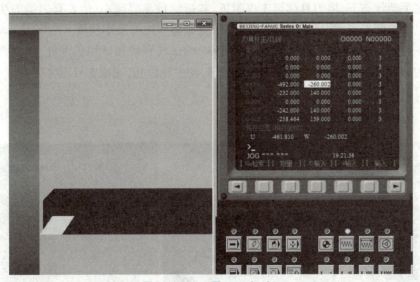

图 3.1.20　4 号刀 Z 向对刀

⑤ 4 号刀对刀完毕后,将刀架移开,退至换刀位置附近。

5)T0505 内切槽刀(5 号刀)对刀

①在 MDI 方式下,调 5 号刀,按"主轴正转"按钮,使主轴旋转。

②在手动方式下,将刀具移至工件附近,越近时倍率要越小,使 5 号刀的左刀尖(刀位点)与已加工好的工件端面平齐,并接触工件的内孔,听见摩擦声或有微小铁屑。

③在刀偏表中,将光标移至刀编号为 0005 的试切直径和试切长度处,键盘分别输入对应的 Z0 和 X30.19 数值,然后按 Enter 键,使主轴停止,完成 5 号刀 Z 向和 X 向对刀。

④完成 2 号刀对刀后,刀架移开,退到换刀位置,使主轴停转。

5 号刀对刀如图 3.1.21 所示。

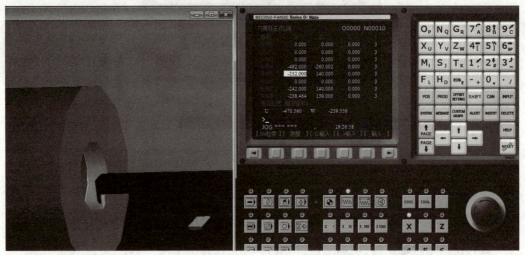

图 3.1.21　5 号刀对刀

6)T0606 内螺纹刀(6 号刀)对刀

①在 MDI 方式下,调 6 号刀,按"主轴正转"按钮,使主轴旋转。

②在手动状态下,将刀具移至工件附近,越近时倍率要越小,使 6 号刀的刀尖与已加工好的工件端面平齐,并接触工件的外圆,听见摩擦声或有微小铁屑。

③在刀偏表中,将光标移至刀编号为 0006 的试切直径和试切长度处,用键盘分别输入对应的 Z0 和 X30.19 数值,然后按 Enter 键,使主轴停止,完成 6 号刀 Z 向和 X 向对刀。

④刀架移开,退到换刀位置,主轴停转。

6 号刀对刀如图 3.1.22 所示。

图 3.1.22　6 号刀对刀

随堂笔记

随学随记,记下学习的重点内容,总结个人的收获,积累学习经验,养成良好的学习习惯。记录见表 3.1.1。

表 3.1.1　随堂笔记

学习内容	收获与体会

任务实施路径与步骤

一、任务实施路径

引导学生按照实施路径完成项目任务,并形成良好的分析思维。实施路径如图 3.1.23 所示。

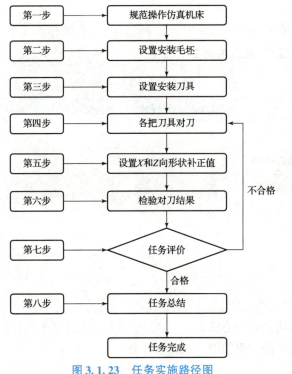

图 3.1.23　任务实施路径图

二、任务实施步骤

1. 任务要求。了解岗位身份,弄清任务要求。(0.1 学时)

2. 规范操作仿真机床。了解数控加工中心仿真机床的组成界面,弄清各个工具栏的功能,掌握数控加工中心仿真机床的基本操作方法。(0.2 学时)

3. 设置安装毛坯。根据零件图样的要求,设置合理的毛坯尺寸,选择合理的夹具,调整装夹位置,规范操作完成毛坯的安装。(0.2 学时)

4. 设置安装刀具。根据图样尺寸要求,并结合加工方案,确定出合理加工刀具,设置合理的刀具参数,正确安装刀具到指定刀位。

5. 各把刀具对刀。根据不同刀具长度尺寸,规范操作机床,完成多把刀具的对刀过程。(1 学时)

6. 设置 X 和 Z 向形状补正值。每把刀具试切完直径后,将测量的直径尺寸输入刀具补正表中的形状补正 X 栏内;试切完端面后,在形状补正 Z 栏内输入长度值。(0.1 学时)。

7. 检验对刀结果。输入多把刀具的对刀程序,单段循环检验程序,检查各把刀具刀尖与工件右端外圆表面是否平齐。(0.1 学时)

8. 任务评价。首先学生自己评价对刀结果,然后学生互相评价,最后指导教师再评价并给定成绩。(0.2 小时)

9. 任务总结。学生总结这次工作过程,在小组中交流,并选小组代表在全班介绍,讨论对刀时出现的问题和解决的方法。(0.1 学时)

工作评价

工作评价采用学生自评 + 学生互评 + 教师评价、素质评价 + 能力评价、过程评价 + 结果评价多元评价模式,见表 3.1.2。

表 3.1.2　工作评价

评价内容		分值	自评(20%)	互评(20%)	教师评价(60%)	得分
工作过程	学习态度	20				
	通识知识	20				
	关键能力	20				
工作成果	成果质量	40				
合计						

课后训练

1. 简述数控车仿真对刀方法。
2. 数控车仿真软件主要能够完成哪些工作?

任务2　零件仿真加工

教学目标

1. 素质目标:具备正确的社会主义核心价值观和道德法律意识;具备精益求精、追求卓越的工匠精神和严谨细致、踏实肯干的工作作风;具备良好的团队协作精神、协调能力、组织能力和管理能力。

2. 知识目标：了解数控车削零件仿真加工的过程，掌握数控车削零件仿真加工操作步骤，掌握仿真软件的使用方法。

3. 能力目标：能够绘制数控车削零件的零件图样、选择数控系统、安装工件和毛坯、选择对刀方法和对刀工具、设置工件坐标系、导入加工程序、完成零件的仿真、进行工件测量。

 工作任务要求

学生以企业编程员的身份接受零件的仿真任务，并能够独立完成零件加工程序的输入—安装工件和刀具—试切工件—设置刀具几何形状补正值—零件仿真—工件测量全过程的操作，从而检验零件加工程序编制的正确性。

 工作过程要领

零件的仿真加工(零件的模拟加工)过程是数控加工过程的必要手段和过程，它既是检验加工程序正确与否的必要手段，也是检验加工工艺过程的必要手段。

一、套类零件仿真加工

图3.1.24所示为套类零件图，在仿真加工过程中，操作者根据零件图纸检查工艺过程和尺寸检验。

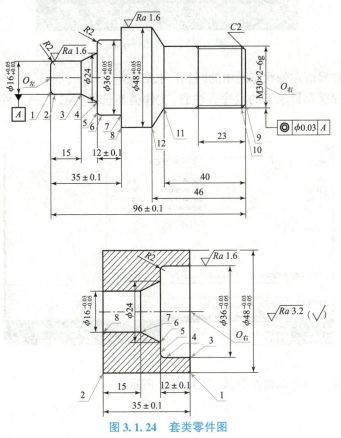

图 3.1.24　套类零件图

学习笔记

（一）程序的导入

按照本书第二篇项目一任务 2 讲解的编程、工艺等方法，将编制的程序按照工艺过程逐一导入仿真软件中。具体方法如下：

①打开软件后旋开急停按钮，在提示下单击操作面板的"EDIT"（编辑）旋钮。

②单击"编辑"菜单中的 按钮。

③新建程序，单击操作屏幕下的"DIR"选项，输入新建程序名后，程序名以 O 开头。单击"INPUT"按钮保存即可，如图 3.1.25 所示。

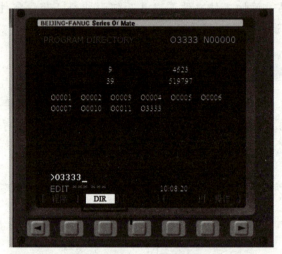

图 3.1.25　新建程序图

④单击软件界面左侧状态栏中的"打开"按钮。

⑤选择程序保存目录下的程序。注意，文件类型选择"NC 代码文件"，如图 3.1.26所示。

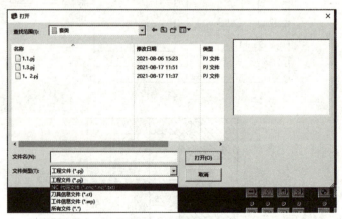

图 3.1.26　程序选择图

⑥将程序保存到仿真软件中，如图 3.1.27 所示。

图 3.1.27　程序导入图

(二) 安装毛坯和刀具

任务 1 讲述的数控车仿真基本操作方法中列举了安装毛坯和刀具的具体步骤,本任务不再详述,如图 3.1.28 所示。

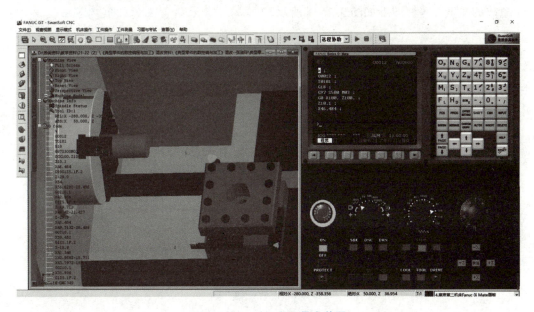

图 3.1.28　毛坯和刀具安装图

(三) 仿真过程

单击 按钮运行程序。在仿真过程中可能出现报警,此时停止加工,操作者根据报警逐一解决问题。仿真零件如图 3.1.29 所示。

(四) 测量

仿真软件提供了测量项目,操作者选择"工件测量"菜单,按照测量特点选择项目,查看仿真加工的测量结果,如图 3.1.30 所示。

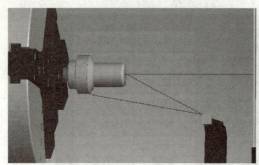

图 3. 1. 29　仿真图

二、特殊零件仿真加工

特殊零件仿真加工的方法同套类零件的仿真加工方法,操作者根据零件图纸检查工艺过程和尺寸检验。仿真加工过程中出现的问题和现象都是实际加工问题的映射,因此,操作者要仔细观察仿真加工过程,避免加工事故的发生。零件图纸如图 3. 1. 31 所示。

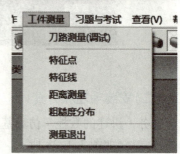

图 3. 1. 30　测量图

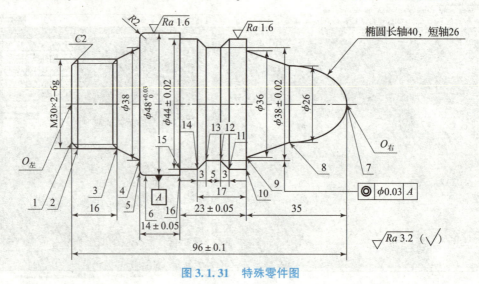

图 3. 1. 31　特殊零件图

(一)程序的导入

按照第二篇项目一任务 3 讲解的编程、工艺等方法,将编制的程序按照工艺过程逐一导入仿真软件中。具体方法如下:

①打开软件后旋开急停按钮,在提示下单击操作面板的"EDIT"(编辑)旋钮 。

②单击"编辑"菜单中的 按钮。

③新建程序,单击操作屏幕下的"DIR"选项,输入新建程序名后,程序名以 O 开头。单击"INPUT"按钮保存即可,新建程序需处于编辑状态,界面如图 3. 1. 32 所示。

图 3.1.32　新建程序图

④单击软件界面左侧状态栏中的"打开"按钮 。

⑤选择程序保存目录下的程序。注意,文件类型选择"NC 代码文件",程序代码需要选择"所有文件",如图 3.1.33 所示。

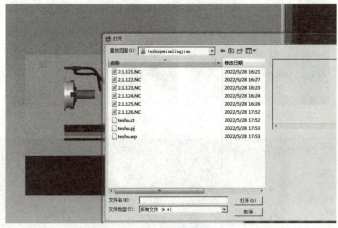

图 3.1.33　程序选择图

⑥程序自动保存,如图 3.1.34 所示。注意,保存后检查程序是否准确。

(二)安装毛坯和刀具

任务 1 讲述的数控车仿真基本操作方法中列举了安装毛坯和刀具的具体步骤,本任务不再详述。刀具选择本零件需要使用到的刀具,注意刀具安装要和程序保持一致,如图 3.1.35 所示。

(三)仿真过程

单击 按钮运行程序。操作者仔细观察仿真加工过程,仿真效果如图 3.1.36 所示。

(四)测量

仿真软件提供了测量项目,操作者选择"工件测量"菜单,按照测量特点选择项目,查看仿真加工的测量结果,测量时可选择"特征点",如图 3.1.37 所示。

图 3.1.34　程序导入图

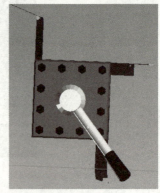

图 3.1.35　刀具安装图

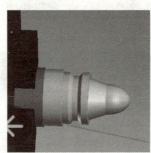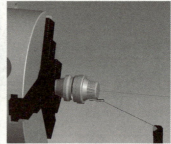

图 3.1.36　仿真图

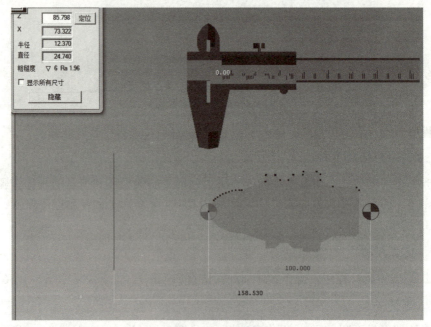

图 3.1.37　测量图

随堂笔记

随学随记,记下学习的重点内容,总结个人的收获,积累学习经验,养成良好的学习习惯。记录见表 3.1.3。

表 3.1.3　随堂笔记

学习内容	收获与体会

任务实施路径与步骤

一、任务实施路径

引导学生按照实施路径完成项目任务,并形成良好的分析思维。实施路径如图 3.1.38 所示。

二、任务实施步骤

1. 任务要求。了解岗位身份,弄清任务要求。(0.1 学时)

2. 识读零件图样。了解图样的加工要求,弄清要加工的表面和特征,看清基本尺寸、精度、表面质量等方面具体需要达到的要求。(0.2 学时)

3. 制订加工方案。制订加工工艺和可行性加工方案,最后经比较确定出最合理的加工方案,确定出合理的工量刃具。(0.4 学时)

4. 计算基点坐标。根据图样尺寸要求,并结合加工方案,确定出合理的编程原点,建立编程坐标系,利用数学计算能力,正确计算出各个基点的坐标值。

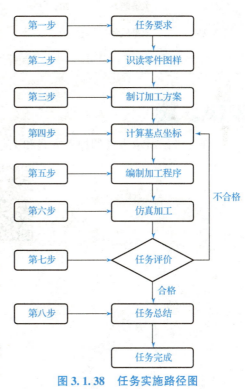

图 3.1.38　任务实施路径图

5. 编制加工程序。首先根据上述加工方案的选择,确定走刀路线,结合基础篇编程基础知识、数控车削指令应用知识,选择需要使用的指令,最后按照零件轮廓编制出数控

加工程序和相关辅助程序。(1 学时)

6. 仿真加工。操作数控加工中心仿真机床,遵守操作规程,正确安装毛坯及刀具,录入或传入程序,规范操作数控加工中心机床,完成仿真零件的加工。

7. 任务评价。首先学生自己评价出图样程序的编制代码,然后学生互相评价,最后指导教师再评价并给定成绩。(0.2 小时)

8. 任务总结。学生总结这次工作过程,在小组中交流,并选小组代表在全班介绍,讨论编制程序时出现的问题和解决的方法。(0.1 学时)

工作评价

工作评价采用学生自评 + 学生互评 + 教师评价、素质评价 + 能力评价、过程评价 + 结果评价多元评价模式,见表 3.1.4。

表 3.1.4　工作评价

评价内容		分值	自评(20%)	互评(20%)	教师评价(60%)	得分
工作过程	学习态度	20				
	通识知识	20				
	关键能力	20				
工作成果	成果质量	40				
合计						

课后训练

完成二维码所示零件的加工方案和工艺规程的制订,并进行程序编制与仿真加工。

项目二　数控铣仿真加工

任务1　数控铣削仿真软件基本操作

教学目标

1. 素质目标：具备正确的社会主义核心价值观和道德法律意识；具备精益求精、追求卓越的工匠精神和严谨细致、踏实肯干的工作作风；具备良好的团队协作精神、协调能力、组织能力和管理能力。

2. 知识目标：了解数控铣削零件加工仿真的过程，掌握数控铣削零件加工仿真操作步骤，掌握仿真软件的使用方法。

3. 能力目标：能够绘制数控铣削零件的零件图样、选择数控系统、安装工件和毛坯、选择对刀方法和对刀工具、设置工件坐标系、导入加工程序、完成零件的仿真、进行工件测量。

工作任务要求

学生以企业编程员的身份接受零件的仿真任务，并能够独立完成零件加工程序的输入—安装工件和刀具—选择对刀基准工具—设置工件坐标系—零件仿真—工件测量全过程的操作，从而检验零件加工程序编制的正确性。

工作过程要领

一、斯沃仿真软件基本操作界面

（一）双击打开软件

双击打开软件后，直接进入选择机床与数控系统对话框，选择"单机版"，再选择"FANUC 0iM"，如图3.2.1所示。

（二）数控加工仿真系统——数控铣发那科系统操作面板

数控铣发那科系统操作面板主要包括显示器、MDI键盘、"急停"按钮、功能键和机床控制面板几部分，如图3.2.2所示。

图 3.2.1　选择机床与系统界面

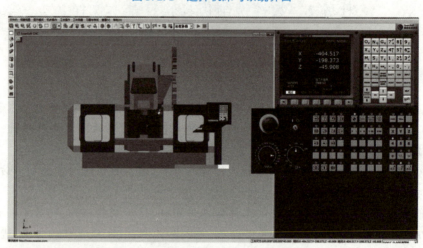

图 3.2.2　数控铣发那科系统操作面板

(三) 数控加工仿真系统——刀具选择界面

①进入数控加工仿真系统,单击机床操作下拉菜单,选择"刀具管理"选项,弹出如图 3.2.3 所示"刀具库管理"对话框。

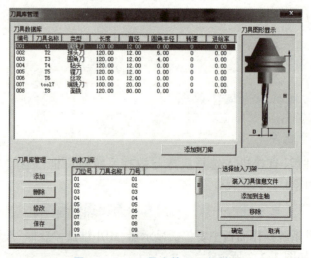

图 3.2.3　"刀具库管理"对话框

②进入"刀具库管理"界面后,根据加工工艺要求,鼠标双击刀具数控库对应的刀具,针对实际情况进行刀具参数设置。设置刀具号、刀具名称、刀具直径和刀杆长度等参数信息,如图3.2.4所示。

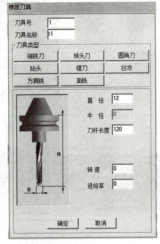

图3.2.4 "修改刀具"对话框

③将刀具安装到刀库。修改好刀具参数后,单击"确定"按钮,在刀具库管理界面单击"添加到刀库"按钮,选择想要放入的刀库,如图3.2.5所示。

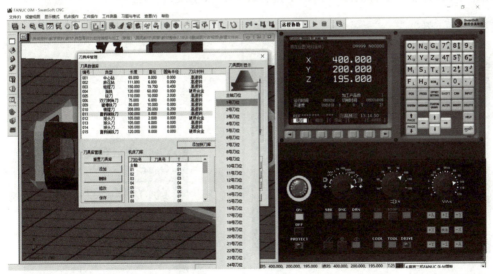

图3.2.5 刀库列表

④在"机床刀库"栏中,选中1号刀库,然后单击"添加到主轴"按钮,单击"确定"按钮,1号刀库中的刀具安装到主轴上,如图3.2.6所示。

(四)数控加工仿真系统——毛坯选择界面

进入数控加工仿真系统,单击"工件操作"→"设置毛坯",在弹出的对话框中根据实际毛坯大小设置毛坯长、宽、高尺寸和工件材料,如图3.2.7所示。

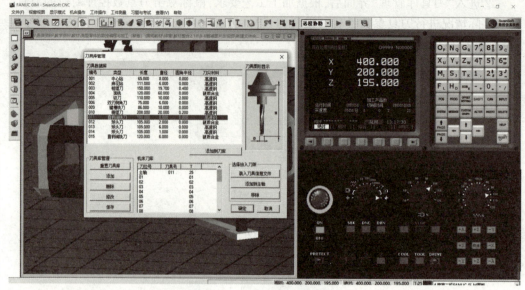

图 3.2.6　刀具安装到主轴上

(五) MDI 键盘(地址/数字键)

　　MDI 键盘用于字母、数字及其他字符的输入和修改,使用方法与计算机键盘相应键相似。注意大小字母切换键为 SHIFT 键,如图 3.2.8 所示。

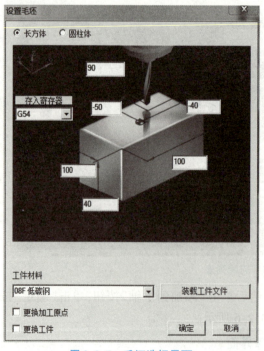

图 3.2.7　毛坯选择界面

图 3.2.8　MDI 键盘(地址/数字键)

（六）数控铣床控制面板（图 3.2.9）

图 3.2.9　数控铣床控制面板

二、数控铣床模拟对刀方法介绍

（一）工件的装夹、刀具的安装与操作

1. 工件装夹

数控铣的夹具主要有铣床用三爪自定心卡盘和平口钳。在工件安装时，首先根据加工工件尺寸和形状合理选择铣床用三爪自定心卡盘或平口钳，再根据其材料及切削余量的大小调整好夹具夹持直径、行程和夹紧力。工件要留有一定的夹持长度，其伸出长度要考虑零件的加工长度及必要的安全距离。

2. 刀具的安装

根据工件及加工工艺的要求选择恰当的刀具。首先将刀具安装在弹簧夹套上，然后将带有刀具的弹簧夹套安装到刀柄上，再将刀柄安装到数控铣床主轴上，如需多刀加工，则需要逐一进行对刀。安装刀具时，要注意以下几项：

①安装前保证刀具外表面和刀柄的内孔面要清洁，无损伤。

②将刀具安装在主轴上时，应保证刀具与主轴同轴。

③切削刃的悬出长度应该大于零件的最深深度。

3. 对刀方法

对刀的目的是确定程序原点在机床坐标系中的位置，对刀点可以设定在零件、夹具或机床上，对刀时应使对刀点与刀位点重合。下面简述数控数控铣床的对刀方法。

（1）X、Y 方向的对刀

X、Y 方向的对刀实质就是确定工件坐标系原点在机床坐标系中 X 轴的绝对坐标值和 Y 轴的绝对坐标值。对刀步骤如下：

①在工作台上安装好毛坯，定义毛坯尺寸，结果如图 3.2.10 所示。

②选择合适的夹具并确定工件在夹具中的位置，如图 3.2.11 所示。

③将安装好工件的夹具放置在机床固定位置，如图 3.2.12 所示。

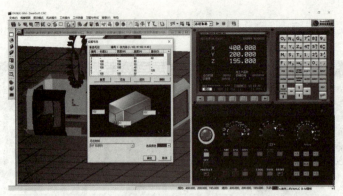

图 3.2.10　定义毛坯尺寸

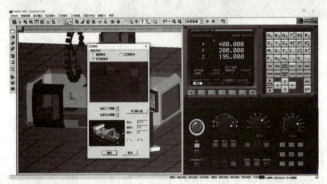

图 3.2.11　夹具选择界面

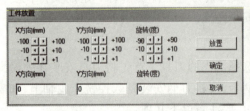

图 3.2.12　放置夹具

　　④在主轴上安装好基准工具。这里选择偏心式对刀仪,单击机床操作菜单下的"寻边器选择"命令后,将打开"寻边器选择"对话框,如图 3.2.13 所示。

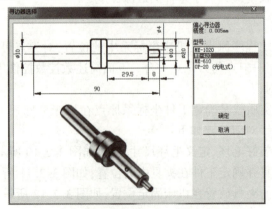

图 3.2.13　偏心式对刀仪

⑤单击"确定"按钮,将对刀仪安装在主轴上,如图 3.2.14 所示。

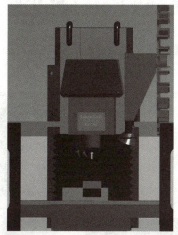

图 3.2.14　对刀仪安装到主轴上

⑥接下来要做的是打开机床,完成对刀操作。首先旋开机床急停按钮,如图 3.2.15 所示。

图 3.2.15　旋开机床急停按钮

⑦完成机床回参考点操作,在"回原点" 灯亮的情况下,分别单击"Z""X""Y"按钮 ,可以观察到机床工作台回到机床原点的位置,同时,操作面板上的机床 X、Y、Z 绝对坐标显示为零,如图 3.2.16 所示。

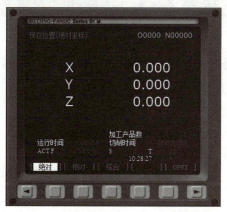

图 3.2.16　机床回参考点操作界面

⑧手动移动工作台及启动主轴,使对刀仪与工件右端面接触。先手动将对刀仪器靠近毛坯左端面,然后再单击"手动脉冲方式"按钮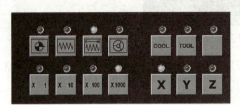,脉冲步进量先从×1 000开始,靠近工件,如图3.2.17所示。

⑨随着偏心式对刀仪偏摆幅度的变小,逐渐调整脉冲步进量,由×1 000调至×100,直至对刀仪偏摆幅度同心为止,如图3.2.18所示。

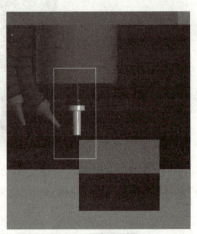

图3.2.17　手动移动工作台按钮　　　　图3.2.18　贴近毛坯左端面

⑩将加工坐标系调整为相对坐标,然后单击字母"X",单击清零选项"ORIGIN",这时可以发现相对坐标显示的 X 坐标值被清零,如图3.2.19所示。

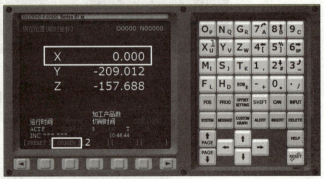

图3.2.19　相对坐标值清零

⑪在相对坐标的状态下,切换到手动模式,抬起 Z 轴,将对刀仪移动到毛坯的右端面,用同样的办法使对刀仪靠近毛坯并使偏摆幅度趋于同轴,如图3.2.20所示。记录此时的 X 坐标值。

⑫将此时相对坐标系下的 X 值除以2,得到的是当前相对坐标系下 X 方向中心处的坐标值。然后将工作台移至此坐标位置处,并再次单击字母"X",单击清零选项"ORI-GIN",如图3.2.21所示。此时零件 X 方向的中点坐标设置完成。这个位置即为 X 方向工件原点。

图 3. 2. 20　贴近毛坯右端面

图 3. 2. 21　找到 X 方向中点位置并使 X 轴相对清零

⑬用同样的方法设置 Y 方向中点位置,并将 Y 轴相对坐标系清零。

(2) Z 向对刀设置

将采用实际刀具来完成对刀。首先拆下对刀仪,安装上加工所用刀具。按照"数控加工仿真系统 – 刀具选择界面"的操作流程,将刀具安装到主轴上,如图 3. 2. 22 所示。

图 3. 2. 22　将刀具安装到主轴

①首先旋转主轴,让刀具快速靠近工件上表面。上表面必须选择比较平整的部位,如果上表面质量不好,最好用立铣刀或盘铣刀将零件上表面铣平,然后再对 Z 向。按"POS"键,再单击"相对"选项,进入相对坐标系界面,如图 3.2.23 所示。

②利用手轮将旋转的立铣刀的底面缓慢靠近平整的工件上表面,并将刀具下表面和工件上表面贴合在一起,如图 3.2.24 所示。实际机床操作要用塞尺或 Z 向对刀仪来控制刀具和工件上表面的贴合度,软件里面通过观察铁屑掉落的方式来观察贴合度。

图 3.2.23　相对坐标系界面

图 3.2.24　刀具与工件上表面接触

③刀具和工件贴合好以后,按图 3.2.25 所示的顺序,在机床操作区单击字母键"Z",再观察相对坐标,Z 的数值开始闪动,单击"ORIGIN"按钮。此时相对坐标系下的 Z 轴坐标值变为"0"。

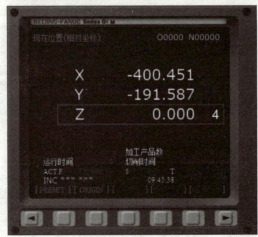

图 3.2.25　Z 轴清零

④此时刀具所处位置是工件对称中心的位置,单击"OFFSET"按钮,再单击"坐标系"选项,进入坐标系设置界面,如图 3.2.26 所示。

图 3.2.26　进入坐标系设置界面

⑤进入坐标系界面后,可以在机床坐标系中将实际位置坐标值输入 G54～G59 任意一个里面,即完成对刀操作,如图 3.2.27 所示。

图 3.2.27　工件坐标系设定界面

 随堂笔记

随学随记,记下学习的重点内容,总结个人的收获,积累学习经验,养成良好的学习习惯。记录见表 3.2.1。

表 3.2.1　随堂笔记

学习内容	收获与体会

任务实施路径与步骤

一、引导学生按照实施路径完成项目任务,并形成良好的分析思维

实施路径如图 3.2.28 所示。

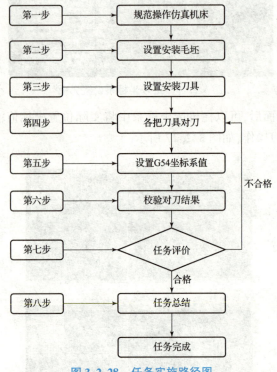

图 3.2.28 任务实施路径图

二、任务实施步骤

1. 任务要求。了解岗位身份,弄清任务要求。(0.1 学时)

2. 规范操作仿真机床。了解数控加工中心仿真机床的组成界面,弄清各个工具栏的功能,掌握数控加工中心仿真机床的基本操作方法。(0.2 学时)

3. 设置安装毛坯。根据零件图样的要求,设置合理的毛坯尺寸,选择合理的夹具,调整装夹位置,规范操作完成毛坯的安装。(0.2 学时)

4. 设置安装刀具。根据图样尺寸要求,并结合加工方案,确定出合理加工刀具,设置合理的刀具参数,正确安装刀具到指定刀位。

5. 各把刀具对刀。根据不同刀具长度尺寸,规范操作机床,完成多把刀具的对刀过程。(1 学时)

6. 设置 G54 坐标系值。通过计算得出工件原点相对于机床原点的偏置值,选择工件坐标系,如 G54,输入 X、Y、Z 的偏置值。(0.1 学时)

7. 检验对刀结果。输入刀具的对刀程序,单段循环检验程序,检查刀具底面与工件上表面是否平齐。(0.1 学时)

8. 任务评价。首先学生自己评价对刀结果,然后学生互相评价,最后指导教师再评价并给定成绩。(0.2 小时)

9. 任务总结。学生总结这次工作过程,在小组中交流,并选小组代表在全班介绍,讨论对刀时出现的问题和解决的方法。(0.1 学时)

工作任务实施

一、组织方式

每6位同学一组,1台六角桌,分配出不同角色,并确定出各自的任务。

二、工作准备

每桌配有学习手册、工作任务要求、活页教材、活页夹、计算机及切削加工手册等学习用品。

工作评价

工作评价采用学生自评 + 学生互评 + 教师评价、素质评价 + 能力评价、过程评价 + 结果评价多元评价模式,见表3.2.2。

表 3.2.2　工作评价表

评价内容		分值	自评(20%)	互评(20%)	教师评价(60%)	得分
工作过程	学习态度	20				
	通识知识	20				
	关键能力	20				
工作成果	成果质量	40				
合计						

课后习题

1. 简述斯沃仿真软件对刀方法。

2. 简述斯沃仿真软件可以帮助编程人员检验什么内容。

3. 斯沃仿真软件如何将相对坐标系清零?

4. 完成二维码所示练习零件的加工方案和工艺规程的制订,并进行程序编制与仿真加工。

任务2　零件仿真加工

　　1. 素质目标:具备正确的社会主义核心价值观和道德法律意识;具备精益求精、追求卓越的工匠精神和严谨细致、踏实肯干的工作作风;具备良好的团队协作精神、协调能力、组织能力和管理能力。

　　2. 知识目标:了解数控铣削零件加工仿真的加工过程,掌握数控铣削零件加工仿真操作步骤,掌握仿真软件的使用方法。

　　3. 能力目标:能够绘制数控铣削零件的零件图样、选择数控系统、安装工件和毛坯、选择对刀方法和对刀工具、设置工件坐标系、导入加工程序、完成零件的仿真、进行工件测量。

工作任务要求

　　学生以企业编程员的身份接受零件的仿真任务,并能够独立完成零件加工程序的输入—安装工件和刀具—选择对刀基准工具—设置工件坐标系—零件仿真—工件测量全过程的操作,从而检验零件加工程序编制的正确性。

工作过程要领

　　本任务对平面轮廓类零件(图3.2.29)铣削进行斯沃软件的仿真加工。

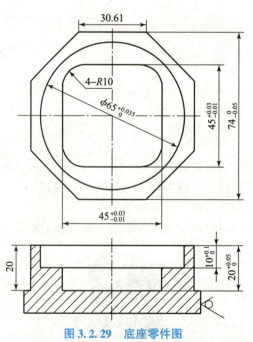

图3.2.29　底座零件图

一、识读零件图样

正确识读如图 3.2.29 所示的底座零件图组成部分。

二、仿真前准备工作

为了便于仿真,需要确认加工信息内容,根据准备内容,在斯沃仿真软件里面设置相应参数并完成对刀,见表 3.2.3。

表 3.2.3   加工信息表

毛坯尺寸	$\phi70$ mm × 30 mm
毛坯材料	低碳钢
加工夹具	平口钳
加工刀具	$\phi10$ mm 立铣刀
机床	数控铣床

三、零件仿真

①双击打开软件后,直接进入选择机床与数控系统对话框,选择"单机版",再选择"FANUC 0iM",如图 3.2.30 所示。

图 3.2.30   选择机床与数据系统界面

②数控铣发那科系统操作面板主要包括显示器、MDI 键盘、"急停"按钮、功能键和机床控制面板几部分,界面如图 3.2.31 所示。

③数控加工仿真系统——刀具选择界面

进入数控加工仿真系统,单击机床操作下拉菜单,选择刀具库管理选项,弹出"刀具库管理"对话框,如图 3.2.32 所示。

④进入"刀具库管理"界面后,根据加工工艺要求,鼠标双击刀具数控库中对应的刀具,针对实际情况进行刀具参数设置。设置刀具号、刀具名称、刀具直径和刀杆长度等参数信息,如图 3.2.33 所示。

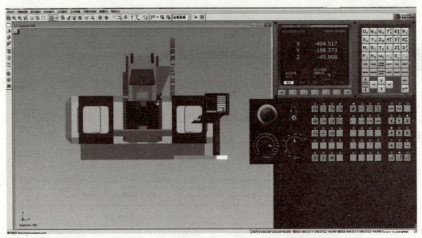

图 3.2.31　数控铣发那科系统操作面板

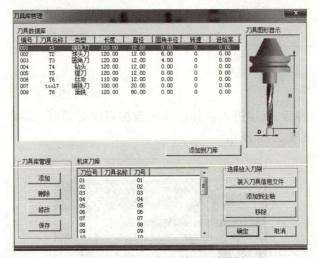

图 3.2.32　"刀具库管理"对话框

⑤将刀具安装到刀库。修改好刀具参数后,单击"确定"按钮,在"刀具库管理"界面中单击"添加到刀库"按钮,选择想要放入的刀库(主轴),如图 3.2.34 所示。

⑥在"机床刀库"栏中,选中 1 号刀库,然后单击"添加到主轴"按钮,单击"确定"按钮,1 号刀库中的刀具安装到主轴上,如图 3.2.35 所示。

⑦进入数控加工仿真系统,单击"工件操作"→"设置毛坯",在弹出的对话框中根据实际毛坯大小设置毛坯长、宽、高尺寸及工件材料,如图 3.2.36 所示。

⑧选择平口钳作为装夹工具,将工件安装到机床工作台上,如图 3.2.37 所示。

⑨将安装好工件的夹具放置在机床固定位置,如图 3.2.38 所示。

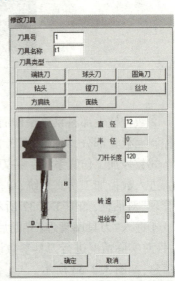

图 3.2.33　"修改刀具"对话框

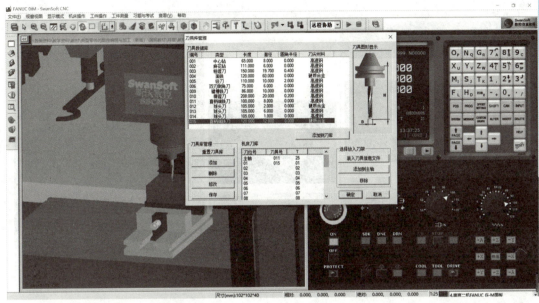

图 3.2.34　刀库列表

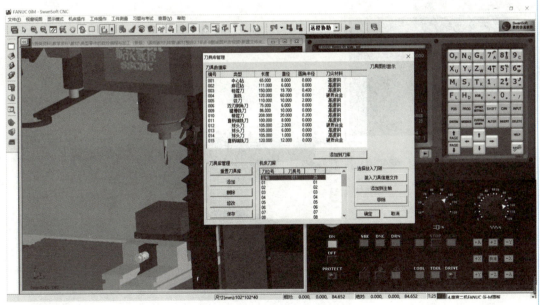

图 3.2.35　刀具安装到主轴上

图 3.2.36 毛坯选择界面

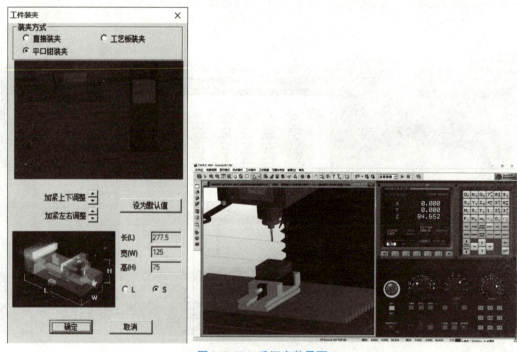

图 3.2.37 毛坯安装界面

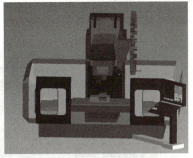

图 3.2.38　安装好的工件放置到机床上

⑩在主轴上安装好基准工具。这里选择偏心式对刀仪,单击机床操作菜单下的"寻边器选择"命令后,将打开"寻边器选择"对话框,按图 3.2.39 所示进行设置。

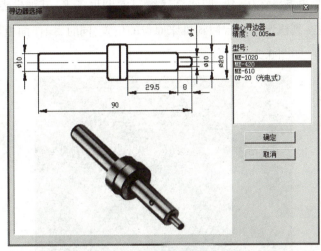

图 3.2.39　选择偏心式对刀仪

⑪单击"确定"按钮,将对刀仪安装在主轴上,如图 3.2.40 所示。

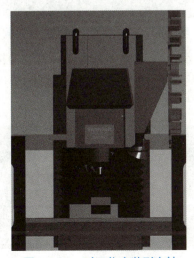

图 3.2.40　对刀仪安装到主轴

⑫接下来要做的是打开机床,完成对刀操作。首先旋开机床急停按钮,如图3.2.41所示。

图3.2.41　旋开机床急停按钮

⑬完成机床回参考点操作,在"回原点" 灯亮的情况下,分别单击"Z""X""Y"按钮 ,可以观察到机床工作台回到机床原点的位置,同时,操作面板上的机床X、Y、Z绝对坐标显示为零,如图3.2.42所示。

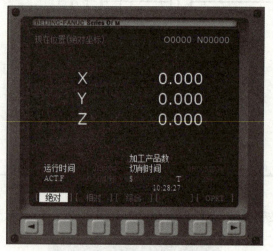

图3.2.42　机床工作台回到机床原点

⑭手动移动工作台及启动主轴,使对刀仪与工件右端面接触。先手动将对刀仪器靠近毛坯左端面,然后再单击"手动脉冲方式"按钮 ,脉冲步进量先从×1 000开始,靠近工件,如图3.2.43所示。

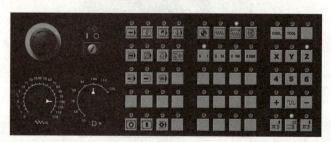

图3.2.43　手动移动工作台

⑮随着偏心式对刀仪偏摆幅度的变小,逐渐调整脉冲步进量,由×1 000调至×100,直至对刀仪偏摆幅度同心为止,如图3.2.44所示。

图3.2.44　对刀仪贴近毛坯左侧

⑯将加工坐标系调整为相对坐标,然后单击字母"X",单击"ORIGIN"选项,这时可以发现相对坐标显示的 X 坐标值被清零,如图3.2.45所示。

图3.2.45　X 轴相对坐标值清零

⑰在相对坐标的状态下,切换到手动模式,抬起 Z 轴,将对刀仪移动到毛坯的右端面,用同样的办法使对刀仪靠近毛坯并使偏摆幅度趋于同轴。记录此时的 X 坐标值,如图3.2.46所示。

图3.2.46　对刀仪贴近毛坯右侧

⑱将此时相对坐标系下的 X 值除以 2，得到的是当前相对坐标系下 X 方向中心处的坐标值。然后将工作台移至此坐标位置处，并再次单击字母"X"，单击"ORIGIN"选项，如图3.2.47所示。此时零件 X 方向的中点坐标设置完成。这个位置即为 X 方向工件原点。

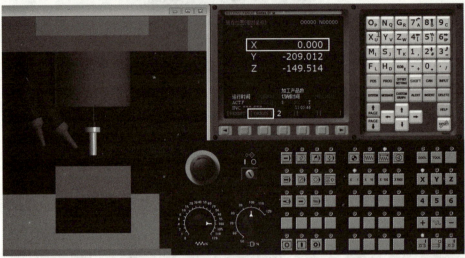

图 3.2.47 对刀仪移至毛坯中心

⑲用同样的方法设置 Y 方向的坐标系原点。

⑳ Z 向将采用实际刀具来完成对刀。首先拆下对刀仪，安装上加工所用刀具。按照"数控加工仿真系统 – 刀具选择界面"的操作流程，将刀具安装到主轴上，如图3.2.48所示。

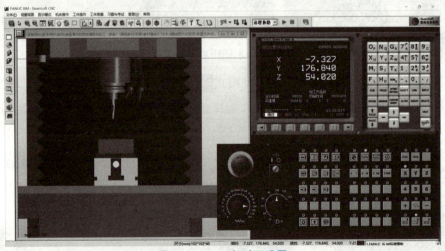

图 3.2.48 Z 向对刀设置

㉑首先旋转主轴，让刀具快速靠近工件上表面，上表面必须选择比较平整的部位，如果上表面质量不好，最好用立铣刀或盘铣刀将零件上表面铣平，然后再对 Z 向。

㉒然后按"POS"键，再单击"相对"选项，进入相对坐标系界面，如图3.2.49所示。

㉓利用手轮将旋转的立铣刀的底面缓慢靠近平整的工件上表面，并将刀具下表面和工件上表面贴合在一起，如图3.2.50所示。实际机床操作要用塞尺或 Z 向对刀仪来控

制刀具和工件上表面的贴合度,软件里面是通过观察铁屑掉落的方式来观察贴合度的。

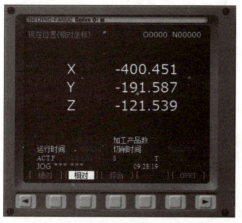

图 3.2.49　相对坐标系

图 3.2.50　刀具底面贴近毛坯上表面

㉔刀具和工件贴合好以后,按图 3.2.51 所示的顺序,在机床操作区单击字母键"Z",再观察相对坐标,Z 的数值开始闪动,单击"ORIGIN"选项,此时相对坐标系下的 Z 轴坐标值变为"0"。

图 3.2.51　Z 轴相对坐标值清零

㉕此时刀具所处位置是工件对称中心的位置,单击"OFFSET"按钮,再单击"坐标系"选项,进入坐标系设置界面,如图 3.2.52 所示。

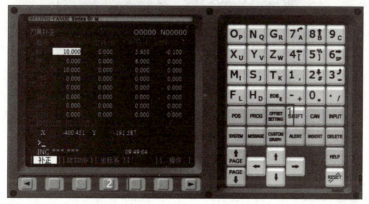

图 3.2.52　进入坐标系设置界面

㉖进入坐标系设置界面后,可以在机床坐标系中将实际位置坐标值输入 G54～G59 任意一个里面,即完成对刀操作,如图 3.2.53 所示。

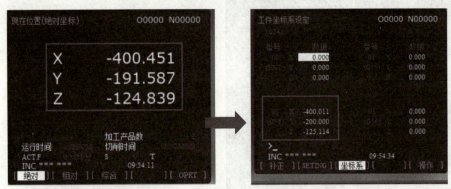

图 3.2.53　工件坐标系设置

㉗导入数控加工程序。

a. 程序命名规则。

加工程序用记事本保存,FAUNC 数控系统程序名称由字母 O + 四位数字组成。因此,如果编写好的程序需要在斯沃仿真软件上仿真运行,必须要按照这个规则去命名。

b. 程序保存。

将命名好的程序保存在软件指定目录文件夹内,本例保存路径为 E:\斯沃数控仿真系统软件 V6.20 完全破解绿色版\斯沃数控仿真系统软件 V6.20 完全破解绿色版\FANUC\FANUC0iM,为导入程序做准备。

c. 程序导入。

在"自动"或"编辑"界面上单击▥按钮,进入如图 3.2.54 所示界面,按照提示,先输入程序名"O0034",再单击下方的▥按钮,程序即从外部存储器导入系统内部。

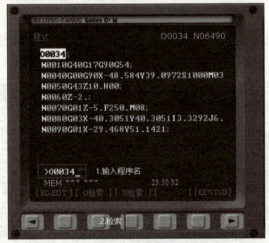

图 3.2.54　导入加工程序

㉘加工仿真零件。

首先单击▣按钮,将"转速"和"进给速度"旋钮调整到合适位置,单击"循环启动"

按钮 ,这时刀具开始按照程序规定的加工路径切削毛坯。加工结束后,程序自动停止。图3.2.55所示为完整的零件加工效果图。

四、零件检测

加工结束后,可以单击菜单栏中的"工件测量"下拉菜单,选择"特征线",对加工后的零件进行简单测量。如图3.2.56所示,可以根据实际情况读取相应尺寸作为加工精度参考。

图3.2.55 零件加工效果图

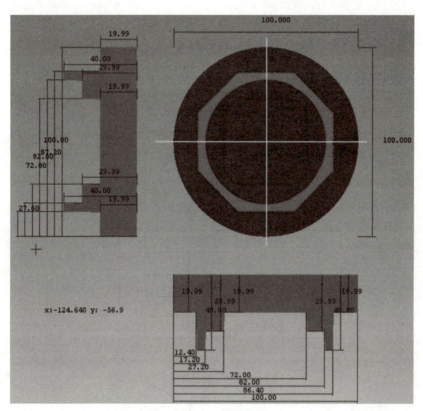

图3.2.56 工件测量界面

五、注意事项

零件仿真加工时,对刀的过程中可以记下坐标系下的 X、Y、Z 三个方向的坐标值。这样如果进行二次对刀,只要零件尺寸和位置没有发生变化,即可输入三个坐标值到 G54 ~ G59 坐标系中直接进行加工。

 随堂笔记

随学随记,记下学习的重点内容,总结个人的收获,积累学习经验,养成良好的学习习惯。记录见表3.2.4。

表3.2.4 随堂笔记

学习内容	收获与体会

任务实施路径与步骤

一、任务实施路径(图3.2.57)

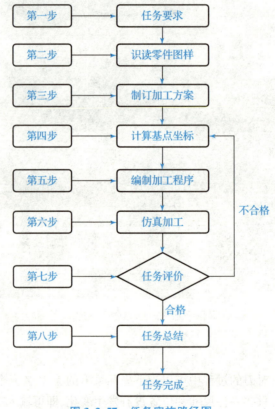

图3.2.57 任务实施路径图

二、任务实施步骤

1. 任务要求。了解岗位身份,弄清任务要求。(0.1 学时)

2. 识读零件图样。了解图样的加工要求,弄清要加工的表面和特征,看清基本尺寸、

精度、表面质量等方面具体需要达到的要求。(0.2 学时)

　　3. 制订加工方案。制订加工工艺和可行性加工方案,最后经比较确定出最合理的加工方案,确定出合理的工量刃具。(0.4 学时)

　　4. 计算基点坐标。根据图样尺寸要求,并结合加工方案,确定出合理的编程原点,建立编程坐标系,利用数学计算能力正确计算出各个基点的坐标值。

　　5. 编制加工程序。首先根据上述加工方案的选择,确定走刀路线,结合基础篇章编程基础知识、数控车削指令应用知识,选择需要使用的指令,最后按照零件轮廓编制出数控加工程序和相关辅助程序。(1 学时)

　　6. 仿真加工。操作数控铣床仿真机床,遵守操作规程,正确安装毛坯及刀具,录入或传入程序,规范操作数控铣床机床,完成仿真零件的加工。(1 学时)

　　7. 任务评价。首先学生自己评价图样程序的编制代码,然后学生互相评价,最后指导教师再评价并给定成绩。(0.2 小时)

　　8. 任务总结。学生总结这次工作过程,在小组中交流,并选小组代表在全班介绍,讨论编制程序时出现的问题和解决的方法。(0.1 学时)

工作任务实施

一、组织方式

　　每 6 位同学一组,1 台六角桌,分配出不同角色,并确定出各自的任务。

二、工作准备

　　每桌配有学习手册、工作任务要求、活页教材、活页夹、计算机及切削加工手册等学习用品。

工作评价

　　工作评价采用学生自评 + 学生互评 + 教师评价、素质评价 + 能力评价、过程评价 + 结果评价多元评价模式,见表3.2.5。

表3.2.5　工作评价表

评价内容		分值	自评(20%)	互评(20%)	教师评价(60%)	得分
工作过程	学习态度	20				
	通识知识	20				
	关键能力	20				
工作成果	成果质量	40				
合计						

完成二维码所示零件的加工方案和工艺规程的制订,并进行程序编制。仿真视频可以通过二维码扫码获取。

项目三 数控加工中心仿真加工

任务1 数控加工中心仿真软件基本操作

教学目标

1. 素质目标:具备正确的社会主义核心价值观和道德法律意识;具备精益求精、追求卓越的工匠精神和严谨细致、踏实肯干的工作作风;具备良好的团队协作精神、协调能力、组织能力和管理能力。

2. 知识目标:了解数控加工中心仿真软件的各项功能,掌握加工中心仿真机床的基本操作方法、程序录入与编程方法、程序的运行方法及零件加工质量的检测方法。

3. 能力目标:会熟练操作仿真机床,完成对刀操作;会正确录入或传入数控程序;会正确检测仿真零件的尺寸精度;会修调数控程序,完善加工路径,最终完成零件的仿真加工。

工作任务要求

学生以企业编程员的身份操作数控加工中心仿真机床。编程员通过使用数控仿真机床,熟悉数控加工中心的操作方法,严格遵守数控机床的操作规程;熟练应用数控仿真软件,完成仿真工件、夹具、刀具的安装过程,并需掌握加工中心的对刀方法,通过操作面板录入数控程序或传入程序,达到熟练操作数控加工中心仿真机床。

工作过程要领

一、数控加工中心操作界面

数控加工中心与数控铣床的主要区别是有无刀库,有刀库的数控铣床称为数控加工中心。因此,数控加工中心仿真软件的操作界面、菜单及工具栏与数控铣床的一致,如图3.3.1和图3.3.2所示。

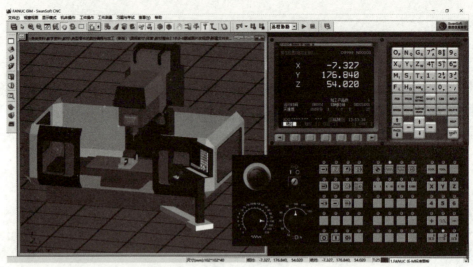

图 3.3.1　数控铣床

图 3.3.2　数控加工中心

二、数控加工中心对刀

(一)安装多把刀具(表 3.3.1)

表 3.3.1　刀具

序号	名称	规格	长度	刀号
1	直柄端铣刀	φ16	100	T01
2	中心钻	A3	65	T02
3	麻花钻	φ8.5	135	T03
4	丝锥	M10	85.5	T04

(二)设置加工原点

选择工件上表面的中心点为加工原点。

(三)加工中心对刀

1. X 向和 Y 向的对刀

方法同数控铣床。

2. Z 向对刀方法

①设置毛坯尺寸。修改毛坯尺寸为 $105 \times 105 \times 50$,如图 3.3.3 所示。

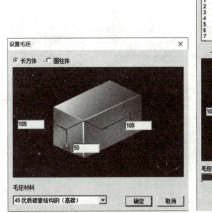

图 3.3.3　毛坯设置

②设置夹具。选择平口钳作为装夹工具,并调整到合适的安装位置,如图 3.3.4 所示。

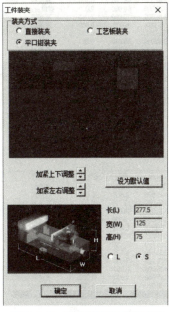

图 3.3.4　选择"平口钳装夹"

③设置多把刀具。刀具参数如图3.3.5～图3.3.8所示。

图 3. 3. 5　直柄端铣刀 T01

图 3. 3. 6　中心钻 T02

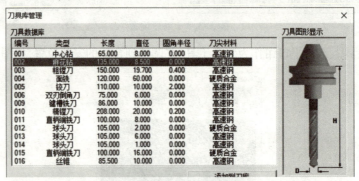

图 3. 3. 7　麻花钻 T03

图 3. 3. 8　丝锥 T04

④将 $\phi16$ 直柄端铣刀添加到主轴刀位,如图 3.3.9 所示。

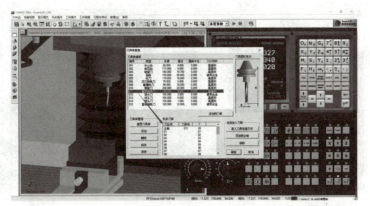

图 3.3.9　添加主轴刀位

⑤快速定位上表面中心,如图 3.3.10 所示。

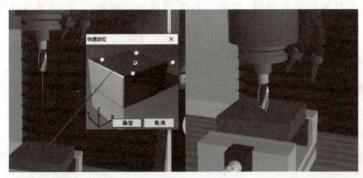

图 3.3.10　快速定位

⑥读取刀具当前点 Z 向绝对坐标值,如图 3.3.11 所示。

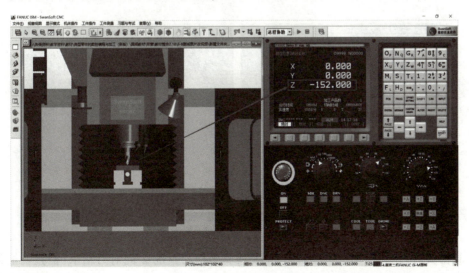

图 3.3.11　刀具当前坐标

⑦输入 T01 立铣刀的长度补偿值,如图 3.3.12 所示。

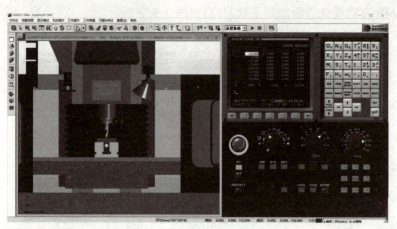

图 3.3.12　输入立铣刀长度补偿值

⑧计算其他刀具的长度补偿值。

根据各把刀具的长度差计算,可得到各把刀具的长度补偿值,见表 3.3.2。

表 3.3.2　长度补偿值

序号	名称	规格	长度	刀号	形状(H)
1	直柄端铣刀	φ16	100	T01	−152
2	中心钻	A3	65	T02	−187
3	麻花钻	φ8.5	135	T03	−117
4	丝锥	M10	85.5	T04	−166.5

⑨设置工件坐标系。输入 G54 坐标系数值及各把刀具的长度补偿值,如图 3.3.13 所示。

图 3.3.13　G54 坐标系数值及各把刀具的长度补偿值

⑩检验对刀:数控加工中心对刀,主要检验多把刀具的 Z 向对刀结果,检验各把刀具能否准确定位到 Z0 处。检验前输入对刀检验程序,见表 3.3.3。之后单段循环检验程序。各把刀具定位结果如图 3.3.14 ~ 图 3.3.17 所示。由图可知各把刀具均准确定位到了工件的上表面中心处,完成了数控加工中心的对刀过程。

表 3.3.3　对刀检验程序

O1234	G54 G90 G00 X0 Y0 Z50	G99 G01 Z0 F0.1
M06 T01	M03 S500	G00 Z50
G43 H01	Z50	M06 T04
G54 G90 G00 X0 Y0 Z50	G99 G01 Z0 F0.1	G43 H04
M03 S500	G00 Z50	G54 G90 G00 X0 Y0 Z50
Z50	M06 T03	M03 S500
G99 G01 Z0 F0.1	G43 H03	Z50
G00 Z50	G54 G90 G00 X0 Y0 Z50	G99 G01 Z0 F0.1
M06 T02	M03 S500	G00 Z50
G43 H02	Z50	M30

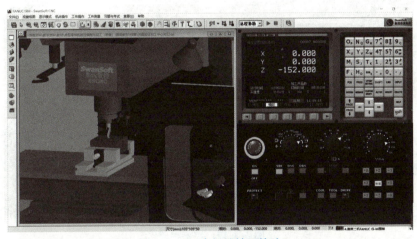

图 3.3.14　直柄端铣刀检验

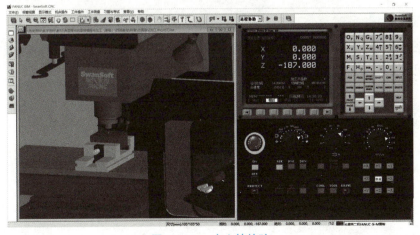

图 3.3.15　中心钻检验

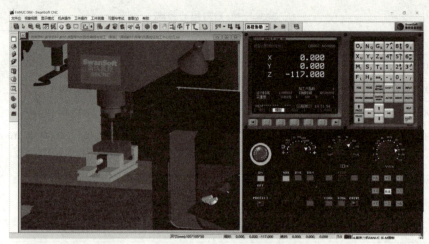

图 3.3.16　麻花钻检验

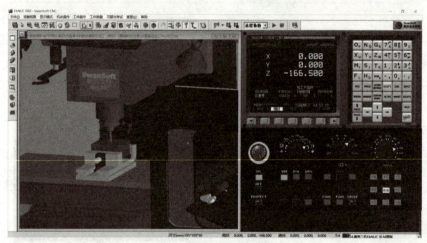

图 3.3.17　丝锥检验

随堂笔记

　　随学随记,记下学习的重点内容,总结个人的收获,积累学习经验,养成良好的学习习惯。记录见表3.3.4。

表 3.3.4　随堂笔记

学习内容	收获与体会

一、任务实施路径

引导学生按照实施路径完成项目任务,并形成良好的分析思维。实施路径如图3.3.18 所示。

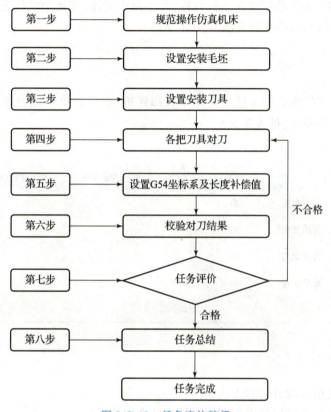

图 3.3.18　任务实施路径

二、任务实施步骤

1. 任务要求。了解岗位身份,弄清任务要求。(0.1 学时)

2. 规范操作仿真机床。了解数控加工中心仿真机床的组成界面,弄清各个工具栏的功能,掌握数控加工中心仿真机床的基本操作方法。(0.2 学时)

3. 设置安装毛坯。根据零件图样的要求,设置合理的毛坯尺寸,选择合理的夹具,调整装夹位置,规范操作完成毛坯的安装。(0.2 学时)

4. 设置安装刀具。根据图样尺寸要求,并结合加工方案,确定出合理的加工刀具,设置合理的刀具参数,正确安装刀具到指定刀位。

5. 各把刀具对刀。根据不同刀具长度尺寸,规范操作机床,完成多把刀具的对刀过程。(1 学时)

6. 设置 G54 坐标系及长度补偿值。根据上一步的对刀结果选择工件坐标系,如

G54,正确输入 X、Y 的偏置值,Z 值输入 0;再调出刀具补正表,在对应刀具号的形状(H)一栏输入各把刀具经过对刀得到的 Z 向值。(0.1 学时)

7. 检验对刀结果。输入多把刀具的对刀程序,单段循环检验程序,检查各把刀具底面与工件上表面是否平齐。(0.1 学时)

8. 任务评价。首先学生自己评价对刀结果,然后学生互相评价,最后指导教师再评价并给定成绩。(0.2 小时)

9. 任务总结。学生总结这次工作过程,在小组中交流,并选小组代表在全班介绍,讨论对刀时出现的问题和解决的方法。(0.1 学时)

工作评价

工作评价采用学生自评 + 学生互评 + 教师评价、素质评价 + 能力评价、过程评价 + 结果评价多元评价模式,见表 3.3.5。

表 3.3.5 工作评价

评价内容		分值	自评(20%)	互评(20%)	教师评价(60%)	得分
工作过程	学习态度	20				
	通识知识	20				
	关键能力	20				
工作成果	成果质量	40				
合计						

课后训练

1. 简述斯沃仿真软件对刀方法。
2. 斯沃仿真软件可以帮助编程人员检验什么内容?
3. 斯沃仿真软件如何将相对坐标系清零?

任务 2 零件仿真加工

教学目标

1. 素质目标:具备正确的社会主义核心价值观和道德法律意识;具备精益求精、追求卓越的工匠精神和严谨细致、踏实肯干的工作作风;具备良好的团队协作精神、协调能力、组织能力和管理能力。

2. 知识目标:了解数控加工中心仿真软件的各项功能,掌握加工中心仿真机床的基本操作方法、程序录入与编程方法、程序的运行方法及零件加工质量的检测方法。

3. 能力目标:熟练操作仿真机床,完成对刀操作;会正确录入或传入数控程序;会正

确检测仿真零件的尺寸精度;会修调数控程序,完善加工路径,最终完成零件的仿真加工。

工作任务要求

学生以企业编程员的身份对所编写的程序进行仿真验证。将数控加工中心零件编程的数控程序录入数控加工中心仿真机床中,正确安装好毛坯与刀具,并规范操作仿真机床,完成各个刀具的对刀操作,建立合理的工件坐标系,加工出合格的仿真零件。

工作过程要领

一、仿真零件图样

合理选择数控加工中心编程指令,完成第二篇项目三模块零件的仿真加工,模块如图 2.3.1 所示。

二、数控加工中心仿真加工

此模块零件在前面已完成了图样分析、加工方案分析及数控程序的编制,在此主要利用数控仿真软件对此模块零件进行仿真加工,对其走刀路径进行检验与优化,并为后续实际加工做好准备。下面通过规范操作数控仿真机床,完成此模块零件的仿真加工过程。

(一)打开斯沃数控仿真软件,选择 FANUC 0iM 数控系统

(二)机床回零

选择回零模式,单击"+X""+Y""+Z"按钮,显示屏清零,刀具到达机床原点,如图 3.3.19 所示。

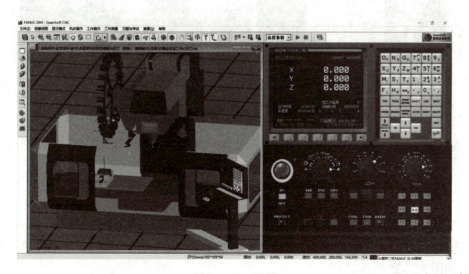

图 3.3.19　回零

(三)安装毛坯及夹具

①设置毛坯。选择"长方体",设置长、宽尺寸,设置高度,勾选"更换工件",单击"确定"按钮,如图3.3.20所示。

②选择"工艺板装夹",单击"确定"按钮,如图3.3.21所示。

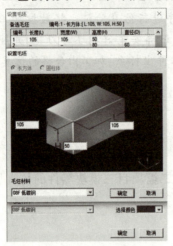

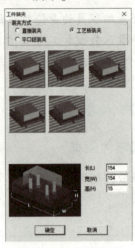

图3.3.20　设置毛坯　　　　　　图3.3.21　设置夹具

(四)安装各把刀具(图3.3.22)

图3.3.22　安装刀具

(五)选择程序

选择加工模式,单击"程序"按钮,录入或调入模块的数控程序,如图3.3.23所示。

(六)仿真加工

关闭机床防护门,选择加工模式,单击"循环启动"按钮,开始仿真加工,如图3.3.24所示。

(七)工件检测

选择"工件测量"菜单,选择"特征点"或"特征线"或"距离"等命令,对工件进行尺寸检测,如图3.3.25所示。

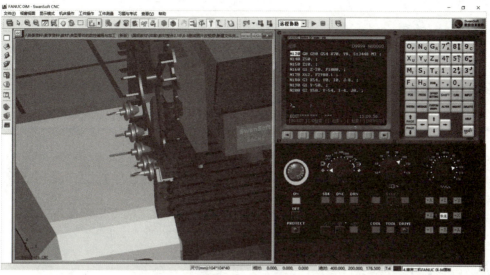

图 3.3.23　选择程序

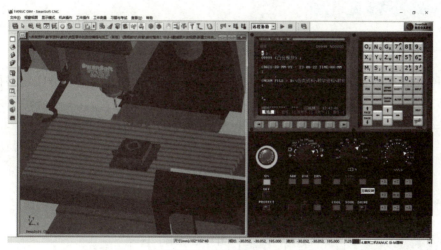

图 3.3.24　仿真加工

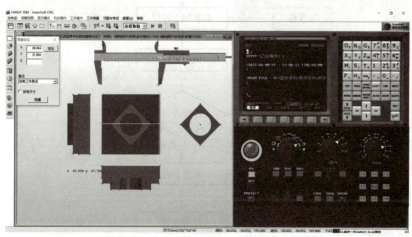

图 3.3.25　工件检测

随堂笔记

随学随记,记下学习的重点内容,总结个人的收获,积累学习经验,养成良好的学习习惯。记录见表3.3.6。

表 3.3.6　随堂笔记

学习内容	收获与体会

任务实施路径与步骤

一、任务实施路径

引导学生按照实施路径完成项目任务,并形成良好的分析思维。任务实施路径如图3.3.26 所示。

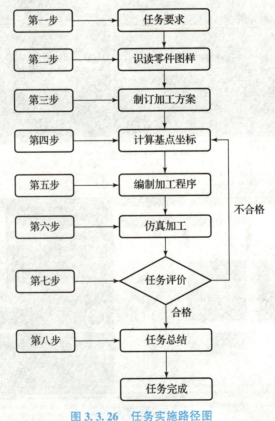

图 3.3.26　任务实施路径图

二、任务实施步骤

1. 任务要求。了解岗位身份,弄清任务要求。(0.1 学时)

2. 识读零件图样。了解图样的加工要求,弄清要加工的表面和特征,看清基本尺寸、精度、表面质量等方面具体需要达到的要求。(0.2 学时)

3. 制订加工方案。制订加工工艺和可行性加工方案,最后经比较确定出最合理的加工方案,确定出合理的工量刃具。(0.2 学时)

4. 计算基点坐标。根据图样尺寸要求,并结合加工方案,确定出合理的编程原点,建立编程坐标系,利用数学计算能力正确计算出各个基点的坐标值。(0.2 学时)

5. 编制加工程序。首先根据上述加工方案的选择,确定走刀路线,结合基础篇章编程基础知识、数控车削指令应用知识,选择需要使用的指令,最后按照零件轮廓编制出数控加工程序和相关辅助程序。(1 学时)

6. 仿真加工。操作数控加工中心仿真机床,遵守操作规程,正确安装毛坯及刀具,录入或传入程序,规范操作数控加工中心机床,完成仿真零件的加工。(1 学时)

7. 任务评价。首先学生自己评价出图样程序的编制代码,然后学生互相评价,最后指导教师再评价并给定成绩。(0.2 小时)

8. 任务总结。学生总结这次工作过程,在小组中交流,并选小组代表在全班介绍,讨论编制程序时出现的问题和解决的方法。(0.1 学时)

工作评价

工作评价采用学生自评 + 学生互评 + 教师评价、素质评价 + 能力评价、过程评价 + 结果评价多元评价模式,见表 3.3.7。

表 3.3.7　工作评价

评价内容		分值	自评(20%)	互评(20%)	教师评价(60%)	得分
工作过程	学习态度	20				
	通识知识	20				
	关键能力	20				
工作成果	成果质量	40				
合计						

课后训练

完成二维码所示零件的加工方案和工艺规程的制订,并进行程序编制与仿真加工。

第四篇　数控加工实战篇

项目一 "1＋X"证书数控车铣加工与多轴加工

任务1 "1＋X"证书数控车铣加工

教学目标

1. 素质目标：培养学生具有自学能力和终身学习能力，具有独立思考、逻辑推理、信息加工和创新能力，具有全局观念和良好的团队协作精神、协调能力、组织能力、管理能力，具有精益求精、追求卓越的工匠精神和严谨细致、踏实肯干的工作作风，具有正确的劳动观和感受美、表现美、鉴赏美、创造美的能力。

大国工匠

2. 知识目标：能够正确分析图样要求，掌握主轴连接轴零件加工方案的确定方法，并能够正确应用编程指令；掌握传动轮轴、电动机前盖加工的编程方法。

3. 能力目标：达到"1＋X"证书初级能力要求的"合理编制加工工艺规程"，能够运用复合循环等编程指令编写出正确的加工程序，确定出合理的加工参数。

工作任务要求

1. 按照考核流程，完成考核内容，如图4.1.1所示。

2. 实操现场提供加工设备、电脑、CAD/CAM软件、毛坯、数据采集装置、辅助工具等。

3. 考核师发放实操考核任务书，考生按照任务书提供的工艺过程卡进行车铣加工，在实操考试结束时，需填写并提交附件一：数控加工过程卡；附件二：数控加工工序卡；附件三：数控加工刀具卡；附件四：零件自检表。

4. 考生自备劳保用品、加工刀具、检验量具等。（刀具和量具清单提前发放）

5. 考核师依据职业素养评分表、工艺文件评分表、零件检测表进行实操评分。

工作过程要领

本任务以"1＋X"证书数控车铣加工（初级）为例，介绍实操考核的过程。通过对过程要领的学习，能够对考核过程有一个全面的认识和了解。

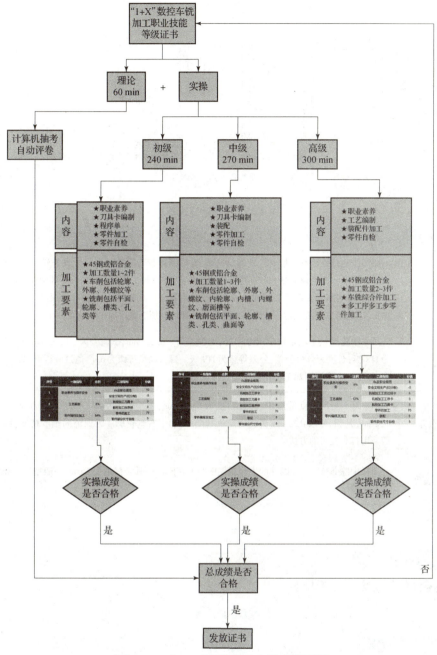

图 4.1.1 "1+X"证书数控车铣考核流程

考核零件一

一、识读零件图样

通过识读如图 4.1.2 所示传动轮轴图纸,从轮廓、尺寸精度、形位公差等方面分析可知其加工内容,见表 4.1.1。

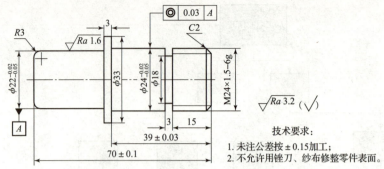

图 4.1.2　传动轮轴

技术要求：
1. 未注公差按 ± 0.15 加工；
2. 不允许用锉刀、纱布修整零件表面。

表 4.1.1　图纸分析表

分析项目	分析内容
轮廓分析	图形中包括外圆柱、外沟槽、外螺纹轮廓，轮廓图形较为简单。主要考察外轮廓加工精度、螺纹加工精度。图形以 φ33 mm 直径外轮廓为分界，左侧加工内容有 φ22 mm 外圆柱和圆角，图形单一，可作为精加工定位面；φ33 mm 右侧加工内容有外圆轮廓、外沟槽和外螺纹，没有复杂曲面加工，因此可以按照正常的外圆—外沟槽—外螺纹的加工顺序加工
尺寸分析	尺寸中轮廓加工包括精度尺寸两处，上偏差为 – 0.02 mm，下偏差为 – 0.05 mm，公差带等级为 IT8 级；长度为自由公差，公差等级为 IT9 级。螺纹精度等级为 6g。通过分析可知加工精度适中，加工工序采用粗加工—精加工即可保证精度
形位公差	图中有一处同轴度的形位公差，精度为 0.03 mm，属于中等精度。工艺安排中需要先加工 φ22 mm 外圆，再以 φ22 mm 外圆为定位基准面，加工右侧轮廓。为保证同轴度精度，掉头装夹需采用打表找正的方法
表面粗糙度	图样中除 φ22 mm 外圆柱的表面粗糙度为 1.6 μm 外，其余都是 3.2 μm，一般精加工能够满足表面粗糙度要求
其他	

二、制订加工方案

此零件的加工方案分析见表 4.1.2。

表 4.1.2 加工方案表

项　目	分析内容
工艺分析	见表 4.1.3
刀具分析	根据图纸分析，图 4.1.2 中没有圆弧曲面，使用 93° 外圆车刀可以加工图中外圆轮廓部分。外沟槽受槽宽的限制，选用 3 mm 宽的外槽刀具。外螺纹是国标 60° 的标准螺纹，选用螺距 1.5 mm 的外螺纹车刀。导杆厚度受机床参数影响，根据机床参数选取导杆厚度，一般导杆 20 mm 和 25 mm 厚度
量具分析	通过图样分析，公差为 0.03 mm，使用外径千分尺测量能够满足要求，长度使用游标卡尺能够满足要求，表面粗糙度需使用表面粗糙度测量仪检测

项　目	分析内容
夹具分析	通过图样分析,此轴类零件长度和直径的比例接近2∶1,装夹使用三爪自定心卡盘,定位选取尽可能长的夹持长度,以保证同轴度

★以 Mastercam 2021 软件为例,按照考核发放的工艺过程卡片中的工艺过程自动编制程序。

表4.1.3　传动轮轴工艺过程卡片

零件名称	传动轮轴	数控加工工艺过程卡	毛坯种类	棒料	共1页
			材料	45 钢	第1页
工序号	工序名称	工序内容	设备		工艺装备
10	备料	备料 ϕ35 mm×75 mm,材料为45钢			
20	数车	车左端端面,粗、精左端 ϕ22 mm、ϕ33 mm 的外圆,长度达到图纸要求	CAK6140		三爪卡盘
30	数车	掉头装夹,校准圆跳动小于0.02 mm	CAK6140		三爪卡盘
40	数车	车右端 ϕ24 mm 外圆、ϕ18 mm 的槽、C2 倒角、M24×1.5 −6g 螺纹,尺寸达到图纸要求	CAK6140		三爪卡盘
50	钳工	锐边倒钝,去毛刺	钳台		台虎钳
60	清洗	用清洗剂清洗零件			
70	检验	按图样尺寸检测			
编制		日期	审核		日期

(一)工序 10

毛坯尺寸为 ϕ35 mm×75 mm,材料为45钢。在自动编程软件中确定中心位置。打开 Mastercam 软件(以下简称 MC),"平面"选择"俯视图"。

需要注意的是,实际机床坐标轴为 X 轴和 Z 轴,但在 MC 平面,需要选择 X 轴和 Y 轴的俯视图平面。

这种设定并不冲突,若想统一,方法如下:

①建立机床。选择"机床"菜单→"车床"→"平面"。

②勾选" + D + Z"视图中的"WCS""C""T",分别建立机床坐标系下的刀具平面和绘图平面。"D"代表的是直径编程。如果需要进行半径编程,还需要后置设置软件。一般情况下,机床编程方式都是直径编程方式,因此不建议修改此编程方式。

③绘制图形中心。图形中心就是编程中心,一般情况下,编程中心是工件左端面中心处。选择"视图"菜单,单击"显示指针"。

④单击"连续线"命令,线的起点选择坐标原点,水平绘制零件的中心线。

（二）工序 20

①按照工序要求，依据图纸绘制准确的加工轮廓线。装夹毛坯，车削零件左端面的 ϕ22 mm 外圆和 ϕ33 mm 外圆，保证长度尺寸。绘制图形时，按照装夹方向，将左端加工轮廓向右向绘制。利用"连续线""补正""圆角"等相关命令绘制图形。

绘制的图形并不能作为自动编程的轮廓图形使用，需要删减一些辅助线。

②设置毛坯。单击"刀路"→"设置毛坯"，根据实际情况选择左侧主轴或右侧主轴。

单击"毛坯"右侧的"参数"按钮，毛坯直径设置为 35 mm，长度设置为 75 mm，"轴向位置"填写"2"，目的是将端面设置出 2 mm 的切除量。

③右击"刀路"，选择"车床刀路"，选择"端面"。

④根据实际使用刀具情况选择一种刀具。双击图形进入"进入刀具"对话框，填写刀具相关参数。

⑤在"刀片"选项中选择一种刀片形状，刀片的厚度、刀尖圆角半径、后角等按照视频填写。

⑥切削参数根据视频填写。

⑦车端面的加工参数如视频所示，粗车步进量要根据实际刀杆、刀片材质及刀尖圆角半径来设定。

⑧关闭对话框后，系统自动生成刀具轨迹。若不显示刀具轨迹，单击"刀路"状态栏的 按钮，重新生成全部已选中的刀路，即可查看到刀路情况。

⑨在"刀路"状态栏右击，选择"车床刀路"→"粗车"，选择"串联"用于拾取粗加工的轮廓。

⑩粗车外圆的加工参数如视频所示，刀具参数与端面车削刀具的相同。

⑪粗车参数的填写内容如视频所示。

单击"确定"按钮后，得到刀具轨迹。

⑫精加工参数的选择如下：精加工切削用量与粗加工切削用量由于加工工艺的不同，参数也有所不同。对于精加工，无须再留精加工余量，因此 X 预留量为 0。单击"确认"按钮后，生成精加工刀具轨迹。

完成刀具轨迹后，可通过 Mastercam 软件自带的仿真校验功能查看切削情况。找到刀具状态栏，单击 （模拟已选择的操作）或 （验证已选择的操作）按钮（ 是二维线路验证模拟， 是实体验证）。如有错误，及时改正。

⑬进行后处理，生成程序。鼠标单击选中加工轨迹，在刀路状态栏中选择"G1"（执行选择的操作进行后处理），文件扩展名可供选择的有 .cut、.txt、.nc 等，根据机床系统选择。

单击"确认"按钮后自动转成程序单，还需要根据系统来适当删减和修改内容。例如发那科系统，程序开始段将 O0000 改为以 O 开头的文件名，绿色文字作为解释程序可删除；程序结尾的刀具 T0100 可以删除。

⑭保存程序。以"O"为开头命名，保存在指定目录，便于查阅和复制。

（三）工序 30

掉头装夹，校准圆跳动小于 0.02 mm。掉头后三爪卡盘装夹 ϕ22 mm 外圆表面，固定位表面无法确定,可以采用以下两种方法。

方法一:使用软爪。

方法二:若没有使用软卡爪,则需要使用百分表调整工件的圆跳动。工件装夹好后(毛坯需经过加工处理),转动工件一周,若百分表读数偏差超过误差,调整工件的装夹,直至百分表读数偏差在要求范围内。

(四)工序40

车右端 $\phi 24$ mm 外圆、$\phi 18$ mm 槽、$C2$ 倒角、$M24 \times 1.5 - 6g$ 螺纹。

①根据测量的工件总长度,确定保证零件图纸要求的长度(70 ± 0.1)mm 还需要去除多少余料。执行车端面工步时,可以保证零件总长度要求。例如:当工件完成工序20后,测量的零件总长为72.6 mm,那么,在"毛坯设置"中的"轴向位置"处填写2.6。

②车端面使用的刀具、切削参数、切削数据请参考工序20的车端面相关设置。

③粗车右端外轮廓,使用的刀具、切削参数、切削数据请参考工序20的车外圆轮廓相关设置。

④精车右端外轮廓,使用的刀具、切削参数、切削数据请参考工序20的车外圆轮廓相关设置。

⑤生成退刀槽程序。退刀槽加工方法可以选用等宽槽刀刀具,通过手工编程加工获得零件加工尺寸;另一种方法是自动编程。

a. 选用刀具。槽刀的选用主要看刀宽尺寸,刀宽尺寸要小于等于图纸槽宽尺寸。具体设置如视频所示。

b. 沟槽形状参数。沟槽形状包括槽顶和槽底的圆角尺寸、槽锥度,若为直槽加工,此项可忽略不填。

c. 沟槽粗车精度填写参照视频。

d. 沟槽精车精度填写参照视频。

e. 单击"确认"按钮后,显示刀具轨迹。

⑥生成螺纹加工轨迹。

a. 设置螺纹刀具。需要特别注意的是,"刀片图形"为导程,选择是加工"外径(外螺纹)"还是"内径(内螺纹)",导杆的高度需要根据实际刀具来填写,软件生成刀具轨迹不受导杆高度的影响。切削参数无须更改。

b. 螺纹外形参数设置详见视频。导程的填写要看清单位。小径的数值可以通过"螺纹型式"的"运用公式计算"获得。"起始位置"需要给出大于2倍导程的参考量,便于机床脉冲编码器正常车削螺纹。"结束位置"也要充分考虑刀具和工件的位置关系,避免撞刀。对于"预留量"的设置,也可以通过查表获得。

c. 螺纹切削参数设置详见视频。按照图纸,螺纹尾端有退刀槽,因此无须给出"退出延伸量"和"收尾距离"。若无退刀槽,"退出延伸量"填写"导程","收尾距离"填写"2 倍导程"。

⑦完成刀具轨迹后,可通过 Mastercam 软件自带的仿真校验功能查看切削情况。找到刀具状态栏,单击▨(模拟已选择的操作)或▧(验证已选择的操作)按钮(▨是二维线路验证模拟,▧是实体验证)。如有错误,及时改正。

⑧进行后处理,生成程序。方法同工序20。

(五)工序 50

锐边倒钝,去毛刺。借助倒角器或其他工具去除毛刺。

(六)工序 60

用清洗剂清洗零件。用于清除零件表面杂质,防止工件生锈。

(七)工序 70

按图样尺寸,借助三坐标测量机或手工测量工具进行工件检测,并填写相关表格。

三、编制加工程序

在刀路状态栏选中要加工的路径,单击 G1 按钮,单击"确定"按钮,选择保存路径。

四、仿真加工零件

选中全部零件加工轨迹,单击 按钮,单击"开始"按钮,验证仿真加工。

五、零件检测

数控车铣加工评分表见表4.1.4。

表4.1.4　数控车铣加工(初级)评分表

数控车铣加工(初级)评分表——职业素养					
试题编号		考生代码		配分	15
场次	工位编号		工件编号	配分	得分
1	职业与操作规程(共10分)	1. 按正确的顺序开/关机床,关机时铣床工作台、车床刀架停放在正确的位置		1分	
		2. 检查与保养机床润滑系统		0.5分	
		3. 正确操作机床及排除机床软故障(机床超程、程序传输、正确启动主轴等)		0.5分	
		4. 正确使用三爪卡盘扳手、加力刀杆安装车床工件		0.5分	
		5. 清洁铣床工作台与夹具安装面		0.5分	
		6. 正确安装和校准平口钳、卡盘等夹具		1.5分	
		7. 正确安装车床刀具,刀具伸出长度合理,校准中心高,禁止使用加力刀杆		1分	
		8. 正确安装铣床刀具,刀具伸出长度合理,清洁刀具与主轴的接触面		1.5分	
		9. 合理使用辅助工具(寻边器、分中棒、百分表、对刀仪、量块等)完成工作坐标系的设置		0.5分	
		10. 工具、量具、刀具按规定位置正确摆放		0.5分	
		11. 按要求穿戴安全防护用品(工作服、防砸鞋、护目镜)		1分	
		12. 完成等加工之后,清扫机床及周边		0.5分	
		13. 机床开机和完成加工后,按要求对机床进行检查并做好记录		0.5分	

数控车铣加工(初级)评分表——职业素养

试题编号		考生代码			配分		15	
场次		工位编号		工件编号		配分		得分
2	文明生产(5分,此项为扣分,扣完为止)	1. 机床加工过程中工件掉落				1 分		
		2. 加工中不关闭安全门				1 分		
		3. 刀具非正常损坏				0.5 分		
		4. 发生轻微机床碰撞事故				2.5 分		
		5. 如发生重大事故(人身和设备安全事故等)、严重违反工艺原则和情节严重的野蛮操作、违反考场纪律等,由考评员组决定取消其实操考试资格						
合计								

数控车铣加工(初级)评分表——工艺文件

试题编号		考生代码			配分		6	
场次		工位编号		工件编号		成绩小计		
序号	考核项目	评分标准				配分		得分
1	数控刀具卡(3分)	1. 数控刀具卡表头信息				0.5 分		
		2. 每个工步刀具参数合理,一项不合理扣0.5 分				2.5 分		
2	数控加工程序单(3分)	1. 数控加工程序表头信息				0.5 分		
		2. 每个程序对应的内容正确,一项不合理扣0.5 分				2 分		
		3. 装夹示意图及安装说明				0.5 分		
合计								

考评员签字:　　　　　　　审核:

数控车铣加工(初级)评分表——传动轮轴零件

试题编号				考生代码			配分		14
场次			工位编号		工件编号		成绩		
序号	配分	尺寸类型	公称尺寸	上偏差	下偏差	实际尺寸	得分		备注
A - 主要尺寸									
1	4	ϕ	22	− 0.02	− 0.05				
2	4	ϕ	24	− 0.02	− 0.05				
3	4	ϕ	18	+ 0.15	− 0.15				
4	4	ϕ	33	+ 0.15	− 0.15				
5	5	L	39	+ 0.03	− 0.03				
6	3	L	70	+ 0.1	− 0.1				

数控车铣加工(初级)评分表——传动轮轴零件

试题编号			考生代码				配分	14
场次			工位编号		工件编号		成绩	
序号	配分	尺寸类型	公称尺寸	上偏差	下偏差	实际尺寸	得分	备注
7	5	L	3	+0.15	−0.15			
8	5	螺纹	24	M24×1.5−6g				
9	2	R	3	0	0			
10	2	C	2	0	0			
B−形位公差								
1	2	同轴度	0.03	0	0.03			
C−表面粗糙度								
1	2	表面质量	$Ra3.2$	0	0			
2	2	表面质量	$Ra1.6$	0	0			

数控车铣加工(初级)评分表——电动机前盖零件

试题编号			考生代码				配分	14
场次			工位编号		工件编号		成绩	
序号	配分	尺寸类型	公称尺寸	上偏差	下偏差	实际尺寸	得分	备注
A−主要尺寸								
1	4	ϕ	70	0	−0.013			
2	4	ϕ	12	+0.01	−0.02			
3	12	ϕ	8	0	−0.023			每处3分
4	4	ϕ	35	+0.2	−0.2			
5	4	L	5	+0.04	0			
6	3	$L_{孔深}$	10	+0.2	−0.2			
7	3	$L_{高度}$	10	+0.2	−0.2			
8	2	R	5	0	0			
B−形位公差								
1	2	垂直度	0.04	0				
C−表面粗糙度								
1	2	表面质量	$Ra3.2$	0	0			

考评员签字：　　　　　审核：

考核零件二

一、识读零件图样

通过识读如图 4.1.3 所示图样,从轮廓、尺寸精度、形位公差等方面分析可知其加工内容,见表 4.1.5。

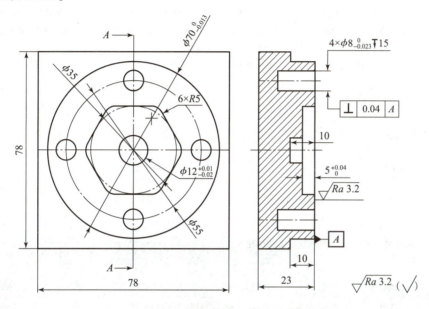

技术要求:
1. 未注倒角 C0.3;
2. 未注公差按 ± 0.2 加工;
3. 不允许用锉刀、纱布修整零件表面。

图 4.1.3 电动机前盖

表 4.1.5 图纸分析

分析项目	分析内容
轮廓分析	零件为型材加工,外轮廓包括正方体、外圆;内形加工包括内六方体、孔。外形加工为开放轮廓,加工较简单;内形加工要考虑刀具直径、深度、避让、排屑等因素,加工有一定难度
尺寸分析	轮廓包括 78 mm 的正方体外形加工,加工的高度为 23 mm(毛坯尺寸);$\phi70$ mm 直径的外圆,高度为 10 mm,精度公差为 0.03 mm,精度等级为 IT7 级;内形加工有四个 $\phi8$ mm 的孔,深度为 15 mm,深度接近直径的 2 倍,编程要对深度进行分层加工,避免刀具折断;内六方体圆角为 $R5$ mm,注意保证形状轮廓即可;$\phi12$ mm 的孔深为 5 mm,轮廓精度无特殊要求,保证自由公差 ± 0.2 mm。技术要求中对轮廓交线位置需有 0.3 mm 的倒角
形位公差	图形中包括一个垂直度要求:零件上平面为基准,4 个 $\phi8$ mm 的孔心都要与上平面保持 0.04 mm 的垂直度要求
表面粗糙度	图样中表面粗糙度都是 3.2 μm,一般精加工能够满足表面粗糙度要求

二、制订加工方案

此零件的加工方案分析见表4.1.6。

表4.1.6　加工方案

项　目	分析内容
工艺分析	见表4.1.7
刀具分析	根据图纸分析，外形轮廓使用ϕ12 mm 的刀具切削。内形轮廓依据内六方体圆角为R5 mm，为避免刀具干涉，可选取ϕ10 mm 刀具，同时能够满足ϕ12 mm 孔的加工要求。4 个ϕ8 mm 的孔需要用ϕ6 mm 的刀具加工。图形中包括外形加工和内形加工，外形轮廓选取立铣刀，内形轮廓选取键槽铣刀，也可以全部选取键槽铣刀
量具分析	通过图样分析，公差为 0.03 mm，使用外径千分尺测量能够满足要求，长度使用游标卡尺能够满足要求，深度尺寸检测选用深度千分尺，表面粗糙度需使用表面粗糙度测量仪检测
夹具分析	通过图样分析，此型材选用平口钳夹持工件，底部需用精密等高垫铁将工件垫高

工艺过程卡片见表4.1.7。

表4.1.7　电动机前盖工艺过程卡片

零件名称	电动机前盖	机械加工工艺过程卡	毛坯种类	棒料	共1页
			材料	2AL12 铝	第1页
工序号	工序名称	工序内容		设备	工艺装备
10	备料	备料 80 mm×80 mm×25 mm，材料为 2AL12 铝			
20	数铣	粗、精铣一级凸台与型腔，使其尺寸达到图纸要求；加工腰型槽，使其尺寸达到图纸要求；注意保证ϕ70 mm 凸台尺寸和 5 mm 孔深尺寸		VMC850	三爪卡盘
30	数铣	粗、精铣 4 –ϕ8 mm 且速度达到要求，倒角		VMC850	三爪卡盘
40	数铣	倒角		VMC850	三爪卡盘
50	钳工	锐边倒钝，去毛刺		钳台	台虎钳
60	清洗	用清洗剂清洗零件			
70	检验	按图样尺寸检测			
编制		日期	审核		日期

三、编制加工程序

（一）工序 10

毛坯尺寸为 80 mm×80 mm×25 mm，材料为 2AL12 铝。在自动编程软件中确定中心位置。打开 Mastercam 软件（以下简称 MC），"平面"选择"俯视图"。

（二）工序 20

1. 按照工序要求，依据图纸绘制准确的加工轮廓线

绘制的图形并不能作为自动编程的轮廓图形使用，需要删减一些辅助线。

2. 设置毛坯

单击"刀路"→"设置毛坯",在弹出的对话框中进行设置。

3. 粗、精铣外圆 $\phi70$ mm 至图纸尺寸

①右击"刀路",选择"铣床刀路",选择"外形"。

②根据实际使用刀具情况,选择一种刀具,双击图形进入"进入刀具"对话框,填写刀具相关参数。

③切削参数根据视频填写。

④刀柄的选择要根据实际机床情况选择。

⑤设置切削参数。补正方式选择"电脑"。"壁边预留量"根据刀具实际使用情况,若为新刀具,则可选填 0.5 mm;旧刀具根据磨损情况适当多加些。"底面预留量"为 0.2 mm。

⑥轴向分层切削。轴向分层切削是指 Z 方向每层切削的深度,根据刀具直径和切削用量选择,推荐每层 1 mm。勾选"不提刀",每层切削完毕后,不用抬刀至参考高度。

⑦进退刀设置。此项根据刀具直径选择。内形(封闭)加工要注意进退刀的相切半径不能大于刀具直径。

⑧设置高度和深度参数。安全高度选项一般填写绝对高度 50 mm。若为加工中心设备,注意刀具长度,此数值选用过大会导致超程,过低会碰撞工件。参考高度为层之间切削抬刀停留的位置。工件表面一般情况下选择 Z0 平面,因此此项填写"0"。深度即为加工图形深度"-10"。

⑨单击"确定"按钮。

⑩精铣 $\phi70$ mm 外圆。精铣和粗铣在刀具参数上是一样的,切削参数需要调整。

⑪切削参数中的"壁边预留量"和"地面预留量"改为 0。可通过在机床的磨损表中填写数据来控制加工精度。还能修改补正方式为"磨损",这样就能通过刀具补偿保证加工精度。

⑫精加工不需要填写"轴向分层切削"。其他参数也无须修改。单击"确定"按钮。

4. 粗、精铣六方体

①选择"外形"加工,选择串联形状为六方体外边。刀具为 $\phi10$ mm,刀具参数见视频。

②设置切削参数。补正方式选择"磨损","壁边预留量"填写"0.5","地面预留量"填写"0.2"。

③轴向分层切削。"最大粗切步进量"填写"0.5",选取"不提刀"。

④设置高度和深度参数。这部分的深度根据图纸填写"-5"。

⑤单击"确定"按钮。

⑥精加工六方体。刀具切削参数见视频。

⑦切削参数中的"壁边预留量"和"地面预留量"填写"0"。关闭"抽象分层切削"对话框,其他参数不变。

⑧单击"确定"按钮生成刀具路径。

5. 粗、精铣 $\phi12$ mm 孔

①选择"全圆铣削"加工,选择串联形状为 $\phi12$ mm 圆。刀具为 $\phi10$ mm,刀具参数见

视频。

②设置切削参数。补正方式选择"磨损","壁边预留量"填写"0.3","地面预留量"填写"0.2"。

③设置高度和深度参数。这部分的深度根据图纸填写"-10"。

④单击"确定"按钮生成刀路。

⑤精加工孔。同样,选择"全圆铣削"。刀具切削参数见视频。

⑥切削参数中的"壁边预留量"和"地面预留量"填写"0",其他参数不变。

⑦单击"确定"按钮生成刀具路径。

(三)工序 30

①粗铣 4-φ8 mm 的孔。选择"全圆铣削"加工,选择串联形状为 φ8 mm 圆。刀具为 φ6 mm,刀具参数见视频。

②设置切削参数。补正方式选择"磨损","壁边预留量"填写"0.3","地面预留量"填写"0.2"。

③轴向分层切削。最大粗切步进量为 0.5 mm。选取"不提刀"。

④设置高度和深度参数。这部分的深度根据图纸填写"-15"。

⑤单击"确定"按钮生成刀具路径。

⑥精加工孔。刀具切削参数见视频。

⑦切削参数中的"壁边预留量"和"地面预留量"填写"0",其他参数不变。

⑧单击"确定"按钮生成刀具路径。

⑨加工程序输出。

⑩在刀路状态栏选中要加工的路径,单击 G1 按钮,单击"确定"按钮,选择保存路径。

(四)工序 40

倒角。换成倒角刀具,沿着轮廓图形加工。

(五)工序 50

锐边倒钝,去毛刺。借助倒角器或其他工具去除毛刺。

(六)工序 60

用清洗剂清洗零件。用于去除零件表面杂质,防止工件生锈。

(七)工序 70

按图样尺寸,借助三坐标测量机或手工测量工具进行工件检测,并填写相关附件表格。

四、仿真加工零件

选中全部零件加工轨迹,单击 按钮,单击"开始"按钮,验证仿真加工。

五、加工电动机前盖零件

六、检测电动机前盖零件

详见表4.1.4。

随堂笔记

随学随记,记下学习的重点内容,总结个人的收获,积累学习经验,养成良好的学习习惯。记录见表4.1.8。

表4.1.8　随堂笔记

学习内容	收获与体会

工作评价

工作评价采用学生自评+学生互评+教师评价、素质评价+能力评价、过程评价+结果评价多元评价模式,见表4.1.9。

表4.1.9　工作评价

评价内容		分值	自评(20%)	互评(20%)	教师评价(60%)	得分
工作过程	学习态度	20				
	通识知识	20				
	关键能力	20				
工作成果	成果质量	40				
合计						

相关附件

附件一:数控加工工艺过程卡

数控加工工艺过程卡见表4.1.10和表4.1.11。

表4.1.10　传动轮轴工艺过程卡

零件名称	传动轮轴	机械加工工艺过程卡	毛坯种类	棒料	共1页
			材料	45钢	第1页
工序号	工序名称	工序内容	设备		工艺装备
10	备料	备料 $\phi 35$ mm×75 mm,材料为45钢			

零件名称	传动轮轴	机械加工工艺过程卡	毛坯种类		棒料	共 1 页
			材料		45 钢	第 1 页
工序号	工序名称	工序内容		设备		工艺装备
20	数车	车左端端面,粗、精左端 ϕ22 mm 的外圆,长度达到图纸要求		CAK6140		三爪卡盘
30	数车	掉头装夹,校准圆跳动小于 0.02 mm		CAK6140		三爪卡盘
40	数车	车右端 ϕ24 mm 外圆、ϕ18 mm 的槽、C2 倒角、M24×1.5 −6g 螺纹,达到图纸要求尺寸		CAK6140		三爪卡盘
50	钳工	锐边倒钝,去毛刺		钳台		台虎钳
60	清洗	用清洗剂清洗零件				
70	检验	按图样尺寸检测				
编制		日期		审核		日期

表 4.1.11　电动机前盖工艺过程卡

零件名称	电动机前盖	机械加工工艺过程卡	毛坯种类		棒料	共 1 页
			材料		2AL12 铝	第 1 页
工序号	工序名称	工序内容		设备		工艺装备
10	备料	备料 80 mm×80 mm×25mm,材料为 2AL12 铝				
20	数铣	粗、精铣一级凸台与型腔,使其尺寸达到图纸要求;加工腰型槽,使其尺寸达到图纸要求;注意保证 ϕ70 mm 凸台尺寸和 5 mm 孔深尺寸		VMC850		三爪卡盘
30	数铣	粗、精铣 4 − ϕ8 mm 且速度达到要求,倒角		VMC850		三爪卡盘
40	数铣	倒角		VMC850		三爪卡盘
50	钳工	锐边倒钝,去毛刺		钳台		台虎钳
60	清洗	用清洗剂清洗零件				
70	检验	按图样尺寸检测				
编制		日期		审核		日期

附件二:数控加工工序卡

数控加工工序卡见表 4.1.12。

表 4.1.12　传动轮轴零件工序卡

零件名称	传动轮轴零件	机械加工工序卡		工序号		工序名称		共　页
材料	45 钢	毛坯状态	ϕ35 mm × 75 mm	机床设备	CAK6140	夹具		三爪卡盘

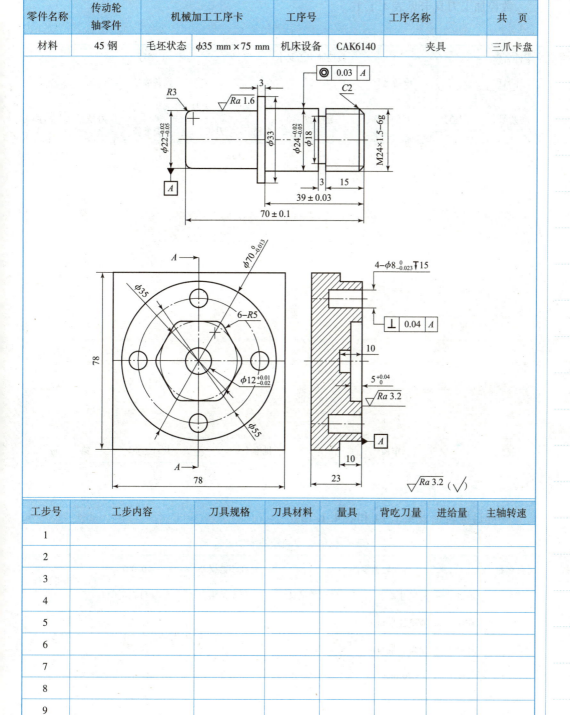

工步号	工步内容	刀具规格	刀具材料	量具	背吃刀量	进给量	主轴转速
1							
2							
3							
4							
5							
6							
7							
8							
9							
备注							
编制		日期		审核		日期	

附件三:数控加工刀具卡

数控加工刀具卡见表4.1.13。

表 4.1.13　刀具卡

零件名称		数控加工刀具卡						工序号	
工序名称		设备名称						设备编号	
工步号	刀具号	刀具名称	刀柄型	刀具				补偿量	备注
				直径	刀长	刀尖半径			
编制		审核		批准			共　页	第　页	

附件四:零件自检表

零件自检表见表4.1.14和表4.1.15。

表 4.1.14　传动轮轴零件自检表

零件名称		传动轮轴零件			允许读数误差		±0.007	考评员评价
序号	项目	尺寸要求	使用的量具		测量结果		项目判定	
1	外径	$\phi33^{-0.02}_{-0.05}$ mm					合　否	
2	外径	$\phi22^{-0.02}_{-0.05}$ mm					合　否	
3	长度	70 mm					合　否	
4	螺纹	M24×1.5 –6g					合　否	
结论			通过			不通过		

表 4.1.15 电动机前盖自检表

零件名称		电动机前盖		允许读数误差	±0.007	考评员评价
序号	项目	尺寸要求	使用的量具	测量结果	项目判定	
1	直径	$\phi 70^{\ 0}_{-0.03}$ mm			合 否	
2	型腔深宽	$5^{+0.04}_{0}$ mm			合 否	
3	工件总高	23 mm			合 否	
4	孔径	$\phi 8$ mm			合 否	
结论		通过		不通过		

模拟训练

二维码所示为模拟练习零件图纸,可参考加工。

任务 2 "1+X"证书数控多轴加工

教学目标

1. 素质目标:培养学生具有自学能力和终身学习能力,具有独立思考、逻辑推理、信息加工和创新能力,具有全局观念和良好的团队协作精神、协调能力、组织能力、管理能力,具有精益求精、追求卓越的工匠精神和严谨细致、踏实肯干的工作作风,具有正确的劳动观和感受美、表现美、鉴赏美、创造美的能力。

五轴定向加工视频

2. 知识目标:

(1)能够正确分析图样要求,掌握多轴零件加工方案的确定方法,并能够正确应用编程指令。

(2)掌握五轴定向零件的编程方法。

3. 能力目标:达到"1+X"证书初级能力要求的"合理编制加工工艺规程",能够运用多轴编程策略选择合理的加工参数,生成正确的加工刀路,生成正确的加工程序。

工作任务要求

1. 按照要求完成考核内容。

2. 实操现场提供加工设备、电脑、CAD/CAM 软件、毛坯、数据采集装置、辅助工具等。

3. 考核师发放实操考核任务书,考生按照任务书提供的工艺过程卡进行多轴加工,在实操考试结束时,需填写并提交附件一:机械加工工序卡;附件二:机械加工刀具卡;附件三:数控加工程序单;附件四:零件自检表。

4. 考生自备劳保用品、加工刀具、检验量具等。(刀具和量具清单提前发放)

5. 考核师依据职业素养评分表、工艺文件评分表、零件检测表进行实操评分。

 工作过程要领

本任务以"1+X"证书数控多轴加工(初级)为例,介绍实操考核的过程。通过过程要领的学习,能够对考核过程有一个全面的认识和了解。

 考核零件一:

一、识读零件图样

正确识读如二维码所示底座零件图的组成部分。

通过识读如二维码所示图样,从轮廓、尺寸精度、形位公差等方面分析可知其加工内容,见表4.1.16。

表4.1.16　图纸分析表

分析项目	分析内容
轮廓分析	模型是在六边形体的6个表面分别画有不同形状轮廓的模型,其中包括四边形凸台、腰槽、圆孔、凸台等模型。其特征都是在基本六边体上建立的。每个面的模型都相对比较简单。侧面都属于直纹面。没有复杂曲面加工,因此可以按照五轴加工中的定向加工来完成零件的全部加工
尺寸公差	尺寸中轮廓加工包括精度尺寸两处,主要公差分别为0.03 mm、0.05 mm等,公差带等级IT8级;通过分析可知加工精度适中,加工工序采用粗加工—精加工即可保证精度
形位公差	图中有一处$\phi8H7$的孔垂直度的形位公差,精度为0.04 mm,属于中等精度。工艺安排中需要先钻中心孔,再打底孔,最后铰孔
表面粗糙度	图样中有要求的部位都是1.6 μm,其余部位为3.2 μm。一般精加工能够满足表面粗糙度要求
其他	

二、制订加工方案

此零件工艺及刀具、量具、夹具分析的主要内容见表4.1.17。

表 4.1.17　加工方案表

项　目	分析内容
工艺分析	见表 4.1.18
刀具分析	根据图纸分析,该零件主要加工内容为内腔、外形和孔。从刀具类型角度考虑,内腔加工选用两刃键槽铣刀或者四刃立铣刀,如果是三刃,则只能选择一刃过中心的立铣刀;外形则选用立铣刀即可。根据孔加工的工艺要求,可以选用中心孔定位、ϕ5.8 mm 底孔钻头、ϕ6 mm 机用铰刀
量具分析	通过图样分析,公差为 0.03 mm,使用外径千分尺测量能够满足要求,长度使用游标卡尺能够满足要求。内孔选用内孔量规或者内测千分尺。表面粗糙度需使用表面粗糙度测量仪检测
夹具分析	通过图样分析,此类零件比较短,为了保证刀具与夹具不发生干涉,需要设计一套加长杆安装在三爪卡盘上用来保证工件在旋转的状态下刀具和转台不发生干涉。加长杆如图 4.1.4 所示

图 4.1.4　辅助夹具

以 NX10.0 软件为例,按照发放的工艺分析表中的工艺过程进行自动编制程序。此零件的工艺分析见表 4.1.18。

表 4.1.18　多轴定向零件工艺分析

零件名称	五轴定向加工零件	机械加工工艺过程卡	毛坯种类	棒料	共 1 页
			材料	2A12	第 1 页
工序号	工序名称	工序内容	设备	工艺装备	
10	备料	备料 ϕ62 mm×36 mm×18 mm,材料为 2A12			
20	多轴机床	粗加工三个面上的三个凸起模型	CAK6140	三爪卡盘+加长杆	
30	多轴机床	粗加工三个面上的三个凹模型	CAK6140	三爪卡盘+加长杆	
40	多轴机床	精加工三个面上的三个凸起模型	CAK6140	三爪卡盘+加长杆	
50	钳工	精加工三个面上的三个凹模型	钳台	台虎钳	
60	孔加工	钻中心孔、钻底孔、铰孔			
70	清洗	用清洗剂清洗零件			
80	检验	按图样尺寸检测			
编制		日期		审核	日期

工序 10：备料、装夹。

毛坯尺寸为 $\phi62$ mm × 36 mm × 18 mm，材料为 2A12。在自动编程软件中确定中心位置。打开 NX12.0 软件，在建模模块中进行零件的毛坯和连接杆的建模，如图 4.1.5 所示。

需要注意的是，毛坯尺寸和加长杆的尺寸必须与实际选用的尺寸一致，以提高加工的准确性和精度。

图 4.1.5　建模

三、编制加工程序

(一)生成加工轨迹前准备

1. 工序导航器设置

五轴定向零件属于五轴加工零件，因此，在加工时要考虑 NX 加工策略的选择和相关参数的设置。

2. 工序导航器——程序组创建

程序组创建流程可以根据加工工艺进行细分，设置如下程序组：

①粗加工五轴定向零件的六个面。

②精加工五轴定向零件的六个面。

③钻孔加工。

3. 机床导航器——刀具设置(表 4.1.19)

表 4.1.19　刀具设置表

序号	加工内容	刀具类型	刀具参数
1	粗加工五轴定向零件的六个面	4 刃立铣刀	$\phi8$
2	精加工五轴定向零件的六个面	4 刃立铣刀	$\phi8$
3	钻中心孔	中心钻	A3
4	钻底孔	钻头	$\phi5.8$
5	铰孔	机用铰刀	$\phi6$

4. 几何导航器——坐标系、工件设置

①MCS 坐标系设置。

②几何体 Workplace 工件设置。

主要设置工件和毛坯尺寸，具体设置参考视频。

5. 加工方法设置

加工方法主要是设置零件加工的各阶段余量、内外公差和切削用量。根据螺旋槽零件加工方案，主要在加工方法中设置粗加工和精加工时的切削余量与内外公差即可。具体含义见表 4.1.20。

表 4.1.20　加工方法

MILL_ROUGH	粗加工方法设置
MILL_SEMI_FINISH	半精加工方法设置

MILL_FINISH	精加工方法设置
DRILL_METHOD	钻孔方法设置

6. 加工余量和内外公差设置

五轴定向零件加工,需要进行粗加工余量和精加工余量设置即可。

粗、精加工余量和内外公差设置参考视频。

7. 设置加工程序组选项

根据工艺要求,采取粗加工、精加工、孔加工三道工序完成零件的加工。具体设置参考视频。

8. 设置机床视图导航器

根据工艺要求,整个零件加工需要用到四种刀具,因此可在机床视图导航器中将刀具设置好。具体设置参考视频。

(二)粗加工第一个面(四边形体)

根据加工方案设计,采用的加工策略选择"型腔铣"。先加工凸起的正方体,边长 18 mm×18 mm×18 mm。具体加工操作参考视频。

(三)加工第二个面(环形槽)

根据零件的形状,可以在第一个面加工的基础上,对第二个面进行设置,此处介绍不相同的地方。

特别提示:环形槽属于封闭区域,相比于开放区域,主要区别在于非切削参数中的进退刀方式和加工部位不同。

具体操作参考视频。

1. 加工第三个面(双凸台)

根据零件的形状,可以在第二个面加工的基础上,对第三个面进行设置,这里面介绍不相同的地方。

特别提示:双凸台属于开放区域,相比于封闭区域,主要区别在于非切削参数中的进退刀方式和加工部位不同。

具体操作参考视频。

2. 加工第四个面(ϕ15.1 mm 的内孔)

①根据零件的形状,可以在第三个面加工的基础上,对第四个面进行设置。

特别提示:ϕ15.1 mm 的内孔属于封闭区域。

②设置非切削参数。根据零件形状,将第四个面的切入切出参数设置成螺旋切入切出。"直径"这里要求直径过大容易下刀时与被加工表面发生干涉,所以可以尽量选择较小的螺旋直径。但是同时需要修改"最小斜坡长度",保证"最小斜坡长度"≤"直径"。具体操作视频如下。

3. 加工第五个面(矩形槽及外形)

①根据零件的形状,可以在第四个面加工的基础上,对第五个面进行设置。

特别提示:内孔属于封闭区域。

②设置非切削参数。系统会自动根据零件的形状设置切入切出的进退刀方式。开放区域选择"圆弧";封闭区域选择"螺旋"。具体操作参考视频。

4. 加工第六个面(平面)

①根据零件的形状,可以在第五个面加工的基础上,对第六个面进行设置。

特别提示:该开放区域。

②设置非切削参数。系统会自动根据零件的形状设置切入切出的进退刀方式。开放区域选择"圆弧"。具体操作参考视频。

5. 精加工第一个面(四边形体)

根据加工方案设计,五轴定向零件粗加工后,需要对各面进行精加工。采用的加工策略选择"深度轮廓铣"。按照粗加工的顺序加工。具体操作参考视频。

五轴定向加工视频

6. 孔加工参数设置(ϕ6 mm 通孔)

根据模型可知,该零件有一个位置需要打孔操作,即四边形的中心,打 ϕ8 mm、深 10 mm 的盲孔和 ϕ6 通孔。

7. 模拟仿真

根据生成的刀具路径,设置模拟仿真,检查整体加工刀路是否正确。选中所有刀轨参数,单击 确认刀轨 按钮,选择"3D 动态",拖动滑块,将动画速度选择到合适位置,单击 ▶ 按钮。具体操作参考视频。

8. 后处理生成加工程序

通过观察校验后的三维效果,可以确定加工轨迹的正确性,接下来就是生成对应系统的加工程序。生成加工程序的过程实质上就是后处理的过程,前提条件是要有匹配机床和操作系统的后置处理器。这个过程需要有软件公司的专业技术人员结合机床情况,与系统厂家的专业技术人员联合开发出针对所用机床的后置处理器。

生成后处理程序的过程参考视频。

四、仿真加工零件

VERICUT 是一款能够高度仿真实际加工机床的仿真软件,能够根据实际机床的几何尺寸和运动极限位置、坐标系设置点等参数信息对机床进行建模和设置。能够实现对满足给定数控系统的加工程序进行高精度程序安全性仿真加工,为实际机床加工做安全保障。

五轴零件加工的 VERICUT 程序仿真,请观看视频。

五、加工零件

1. 加工注意事项

①加工坐标系必须和 MCS 坐标系方向一致。

②工件安装时,尽量保证安装到工作台的回转中心位置,以减小工作台摆动幅度。

③装夹时,要注意不要夹伤工件表面,可以均匀地垫上铜箔。

2. 对刀方法

对刀时,可以通过百分表找到第五轴的回转中心,通过坐标系设置,将回转中心作为 X 轴、Y 轴和 Z 轴的原点。也可以将 Z 向零点设置在工件表面。

3. 程序导入方法1

以 CAXA 传输软件为例,进行 Fanuc 通信。

(1)程序存放路径

D:\DNC 文件夹。

(2)程序传输

①打开桌面上的 CAXADNC 软件,直接登录(用户名和密码为空)。

②打开机床树,如图 4.1.6 所示,在设备上右击,选择"Fanuc 通信"。

③单击"连接机床"按钮,连接成功后,将通信端程序拖拽到机床端即可,如图 4.1.7 所示。

图 4.1.6　程序传输

图 4.1.7　连接机床

六、零件检测

多轴"1 + X"加工评分标准见表 4.1.21。

表 4.1.21　多轴"1 + X"加工(初级)评分表

数控多轴"1 + X"加工(初级)评分表——职业素养				
试题编号		考生代码	配分	15
场次	工位编号	工件编号	配分	得分
1	职业与操作规程(共10分)	1. 按正确的顺序开/关五轴机床,关机时工作台停放到正确的位置	1 分	
		2. 检查与保养机床润滑系统	0.5 分	
		3. 正确操作机床及排除机床软故障(机床超程、程序传输、启动主轴等)	0.5 分	
		4. 正确使用工具安装工件和辅助夹具	0.5 分	
		5. 清洁回转工作台面和工作台与夹具安装面	0.5 分	
		6. 正确安装和校准平口钳、卡盘等夹具	1.5 分	
		7. 正确安装刀具,刀具伸出长度合理,刀库位置选择正确	1 分	
		8. 正确安装对刀工具	1.5 分	
		9. 合理使用辅助工具(寻边器、分中棒、百分表、对刀仪、量块等)完成工作坐标系的设置	0.5 分	
		10. 工具、量具、刀具按规定位置正确摆放	0.5 分	
		11. 按要求穿戴安全防护用品(工作服、防砸鞋、护目镜)	1 分	
		12. 完成加工之后,清扫机床及周边	0.5 分	
		13. 机床开机和完成加工后,按要求对机床进行检查并做好记录	0.5 分	

数控多轴"1+X"加工(初级)评分表——工艺文件						
试题编号			考生代码		配分	15
场次		工位编号		工件编号	配分	得分
序号	考核项目	评分标准			配分	得分
2	文明生产 (5分,此项为扣分,扣完为止)	1. 机床加工过程中工件掉落			1分	
		2. 加工中不关闭安全门			1分	
		3. 刀具非正常损坏			0.5分	
		4. 发生轻微机床碰撞事故			2.5分	
		5. 如发生重大事故(人身和设备安全事故等)、严重违反工艺原则和情节严重的野蛮操作、违反考场纪律等,由考评员组决定取消其实操考试资格				
合计						

数控多轴"1+X"加工(初级)评分表——工艺文件				
1	数控刀具卡 (3分)	1. 数控刀具卡表头信息	0.5分	
		2. 每个工步刀具参数合理,一项不合理扣0.5分	2.5分	
2	数控加工程序单(3分)	1. 数控加工程序看表头信息	0.5分	
		2. 每个程序对应的内容正确,一项不合理扣0.5分	2分	
		3. 装夹示意图及安装说明	0.5分	
合计				

考评员签字:　　　　　　　　　　审核:

数控多轴"1+X"加工(初级)评分表								
试题编号			考生代码			配分	85	
场次		工位编号		工件编号		成绩		
序号	配分	尺寸类型	公称尺寸	上偏差	下偏差	实际尺寸	得分	备注
A – 主要尺寸								
1	5	L	18	+0.03	0			
2	5	L	18	+0.03	0			
3	5	L	14	+0.03	0			
4	4	L	20	+0.04	0			
5	5	L	9	+0.03	0			
6	4	L	19	0	−0.04			
7	4	ϕ	15	+0.03	−0.03			
8	4	L	20	+0.03	−0.01			
9	4	L	14	+0.04	0			

学习笔记

数控多轴"1＋X"加工（初级）评分表								
试题编号				考生代码			配分	85
场次		工位编号			工件编号		成绩	
序号	配分	尺寸类型	公称尺寸	上偏差	下偏差	实际尺寸	得分	备注
10	4	L	36	＋0.04		0		
11	4	L	36	＋0.05		−0.01		
12	3	D	10	＋0.05		−0.05		
13	4	L	4	＋0.03		0		
14	4	L	4	＋0.03		0		
15	2	L	8	＋0.1		0		
16	5	ϕ	$\phi6$	H7				
17	4	ϕ	$\phi8$	H7				
18	1	L	8					
19	1	C	4−C2					
20	1	R	4−R7					
B−形位公差								
1	5	平行度	0.03					
2	4	表面质量	$Ra1.6$					
3	3	表面质量	$Ra3.2$					
考评员签字：				审核：				

随堂笔记

　　随学随记,记下学习的重点内容,总结个人的收获,积累学习经验,养成良好的学习习惯。记录表见表4.1.22。

表4.1.22　随堂笔记

学习内容	收获与体会

工作评价

工作评价采用学生自评+学生互评+教师评价、素质评价+能力评价、过程评价+结果评价多元评价模式,见表4.1.23。

表4.1.23　工作评价

评价内容		分值	自评(20%)	互评(20%)	教师评价(60%)	得分
工作过程	学习态度	20				
	通识知识	20				
	关键能力	20				
工作成果	成果质量	40				
合计						

模拟训练

模拟训练零件如二维码所示。

项目二　鉴定零件数控编程与加工

任务1　数控车削鉴定零件数控编程与加工

教学目标

1. 素质目标:培养学生具有质量、效率意识,具有文明生产的思想意识,具有全局观念和良好的团队协作精神、协调能力、组织能力、管理能力,具有吃苦耐劳,锐意进取的敬业精神,具有独立思考、求真务实和踏实严谨的工作作风。

大国工匠

2. 知识目标:了解数控加工原理知识;掌握数控加工工艺文件的相关知识;掌握数控编程的知识;掌握数控自动编程的知识;掌握轴类零件的车削加工知识;掌握数控车床安全操作及日常维护保养的相关知识。

3. 能力目标:达到职业技能鉴定能力要求的"合理编制加工工艺规程",能够运用复合循环等编程指令编写出正确的加工程序,确定出合理的加工参数。

工作任务要求

国家实施职业技能鉴定的主要内容包括职业知识、操作技能和职业道德三个方面。这些内容是依据国家职业技能标准、职业技能鉴定规范来确定的,并通过编制试卷来进行鉴定考核。职业技能鉴定分为知识要求考试和操作技能考核两部分,下面重点学习操作技能考核部分。

一、考核准备

考生根据考核准备清单,准备好刀具、量具、辅具等。

二、考核要求

①编制数控加工工序卡:根据图样要求,制订出鉴定零件的数控加工工艺过程。
②仿真加工:根据图样要求,使用仿真软件加工出仿真零件。
③零件加工:规范操作数控铣床,完成零件的加工。

工作过程要领

中级考核零件一

一、识读零件图样

通过识读如图4.2.1所示图样,从轮廓、尺寸精度、形位公差等方面分析可知其加工内容,见表4.2.1。

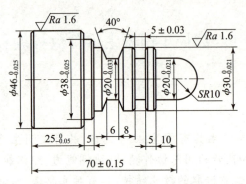

技术要求:
1. 未注倒角为C1;
2. 未注公差尺寸按GB 1804—M;
3. 毛坯尺寸φ50 mm×85 mm;
4. 不准用纱布及锉刀等修饰表面。

图4.2.1　齿型传动轴

表4.2.1　图样分析

分析项目	分析内容
轮廓分析	图形中包括外圆柱、外沟槽,轮廓图形较为简单。主要考察外轮廓加工精度、掉头加工的综合零件。图形以φ46 mm直径外轮廓为分界,左侧加工内容有φ46 mm外圆柱和倒角,图形单一,可作为精加工定位面;φ46 mm右侧加工内容有外圆轮廓、外沟槽,没有复杂曲面加工,因此可以按照正常的外圆—外沟槽的加工顺序加工
尺寸分析	尺寸中轮廓加工包括精度尺寸5处,上偏差0,下偏差−0.021 mm;上偏差0,下偏差−0.033 mm;上偏差0,下偏差−0.025 mm,公差带等级为IT8级。1处长度偏差,上偏差0,下偏差−0.05 mm;剩余长度为自由公差,公差等级为IT9级,偏差为±0.074 mm。通过分析可知加工精度适中,加工工序采用粗加工—精加工即可保证精度
表面粗糙度	图样中表面粗糙度为Ra1.6 μm,一般精加工能够满足表面粗糙度要求
其他	

二、制订加工方案

此零件加工方案分析见表4.2.2。

表 4.2.2　加工方案表

项　目	分析内容
工艺分析	见表 4.2.3
刀具分析	根据图纸分析,图中没有圆弧曲面,使用 93°外圆车刀可以加工图中外圆轮廓部分。外沟槽受槽宽的限制,选用 5 mm 宽的外槽刀具。导杆厚度受机床参数影响,根据机床参数选取导杆厚度,一般导杆有 20 mm 和 25 mm 厚度
量具分析	通过图样分析,公差为 0.03 mm,使用外径千分尺测量能够满足要求,长度使用游标卡尺能够满足要求。表面粗糙度需使用表面粗糙度测量仪检测
夹具分析	通过图样分析,此轴类零件长度和直径的比例接近 2:1,装夹使用三爪自定心卡盘,定位选取尽可能长的夹持长度,以保证同轴度

★以 Mastercam 2021 软件为例,按照考核发放的工艺过程卡片中的工艺过程进行自动编制程序。

表 4.2.3　齿型传动轴工艺过程卡片

零件名称	齿型传动轴	数控加工工艺过程卡	毛坯种类	棒料	共 1 页
			材料	45 钢	第 1 页
工序号	工序名称	工序内容	设备	工艺装备	
10	备料	备料 φ50 mm×75mm,材料为 45 钢			
20	数车	车左端端面,粗、精左端 φ46 mm 的外圆,长度达到图纸要求	CAK6140	三爪卡盘	
30	数车	掉头装夹,校准圆跳动小于 0.02 mm	CAK6140	三爪卡盘	
40	数车	车右端 φ38 mm 外圆、φ30 mm 的槽、C1 倒角、T 形槽和直槽,达到图纸尺寸要求	CAK6140	三爪卡盘	
50	钳工	锐边倒钝,去毛刺	钳台	台虎钳	
60	清洗	用清洗剂清洗零件			
70	检验	按图样尺寸检测			
编制		日期	审核	日期	

(一)工序 10

毛坯尺寸为 φ50 mm×75 mm,材料为 45 钢。在自动编程软件中确定中心位置。打开 MC,"平面"选择"俯视图"。

需要注意的是,实际机床坐标轴为 X 轴和 Z 轴,但在 MC 中,平面需要选择 X 轴和 Y 轴的俯视图平面。

这种设定并不冲突,若想统一,方法见本篇项目一的任务"1+X"数控车铣加工。

（二）工序 20

①按照工序要求，依据图纸绘制准确的加工轮廓线。装夹毛坯，车削零件左端面的 $\phi46$ mm 外圆和 $C1$ 倒角，保证长度尺寸。绘制图形时，按照装夹方向，将左端加工轮廓向右绘制。

②设置毛坯。单击"刀路"→"设置毛坯"，根据实际情况选择左侧主轴或右侧主轴。

单击对话框中"毛坯"右侧的"参数"按钮，毛坯直径设置为50，长度设置为75，"轴向位置"填写2，目的是将端面设置出 2 mm 的切除量。

③右击"刀路"，选择"车床刀路"，选择"端面"。

④根据实际使用刀具情况，选择一种刀具，双击图形进入"进入刀具"对话框，填写刀具相关参数。

⑤"刀片"选项中，选择一种刀片形状，刀片的厚度、刀尖圆角半径、后角等按照视频填写。

⑥切削参数根据视频填写。

⑦车端面的加工参数如视频所示，粗车步进量要根据实际刀杆、刀片材质及刀尖圆角半径来设定。

⑧关闭对话框后，系统自动生成刀具轨迹。若不显示刀具轨迹，则单击"刀路"状态栏的 ┃▶ 按钮，重新生成全部已选中的刀路，即可查看到刀路情况。

⑨在"刀路"状态栏右击，选择"车床刀路"→"粗车"。选择"串联"，用于拾取粗加工的轮廓。

⑩粗车外圆的加工参数如视频所示，刀具参数与端面车削刀具相同。

⑪粗车参数的填写内容参照视频。单击"确定"按钮后，得到刀具轨迹。

⑫精加工参数的选择如下：精加工切削用量与粗加工按照加工工艺的不同，参数也有所不同。

因精加工无须再留精加工余量，因此 X 预留量为 0。

确认后，生成精加工刀具轨迹。完成刀具轨迹后，可通过 Mastercam 软件自带的仿真校验功能查看切削情况。找到刀具状态栏，单击 ≈（模拟已选择的操作）或 ▣（验证已选择的操作）（≈ 是二维线路验证模拟，▣ 是实体验证）。如有错误，及时改正。

⑬进行后处理，生成程序。鼠标左键选中加工轨迹，在刀路状态栏中选择"G1"（执行选择的操作进行后处理），文件扩展名可供选择的有 .cut、.txt、.nc 等，根据机床系统选择。

确认后自动转成程序单，还需要根据系统适当删减和修改内容。例如发那科系统，程序开始段将 O0000 改为以 O 开头的文件名，绿色文字作为解释程序可删除。

（三）工序 30

掉头装夹，校准圆跳动小于 0.02 mm。掉头后三爪卡盘装夹 $\phi46$ mm 外圆表面。

方法一：使用软爪。

方法二：若没有使用软卡爪，则需要使用百分表调整工件的圆跳动。工件装夹好后（毛坯需经过加工处理），转动工件一周，若百分表读数偏差超过误差，调整工件的装夹，直至百分表读数偏差在要求范围内。

（四）工序 40

车右端 $\phi 38$ mm 外圆、$\phi 30$ mm 外圆、$\phi 20$ mm 外圆、$\phi 20$ mm 的槽,车 $C1$ 倒角,车 $SR10$ mm 半球。

①根据测量的工件总长度,确定保证零件图纸要求的长度（70 ± 0.1）mm 还需要去除多少余料。执行车端面工步时,可以保证零件总长度要求。例如:当工件完成工序 20 后,测量的零件总长为 72.6 mm。那么,在"毛坯设置"中的"轴向位置"处填写 2.6。

②车端面使用的刀具、切削参数、切削数据请参考工序 20 的车端面相关设置。

③粗车右端外轮廓,使用的刀具、切削参数、切削数据请参考工序 20 的车外圆轮廓相关设置。

④精车右端外轮廓,使用的刀具、切削参数、切削数据请参考工序 20 的车外圆轮廓相关设置。

⑤生成退刀槽程序。退刀槽加工方法可以选用等宽槽刀刀具,通过手工编程加工获得零件加工尺寸;另一种方法是自动编程。

a. 选用刀具。槽刀的选用主要看刀宽尺寸,刀宽尺寸要小于等于图纸槽宽尺寸。

b. 设置沟槽形状参数。沟槽形状包括槽顶和槽底的圆角尺寸、槽锥度,若为直槽加工,此项可忽略不填。

c. 沟槽粗车精度填写参照视频。

d. 沟槽精车精度填写参照视频。

e. 确认后,显示刀具轨迹。

⑥完成刀具轨迹后,可通过 Mastercam 软件自带的仿真校验功能查看切削情况。找到"刀具状态栏",选择（模拟已选择的操作）或（验证已选择的操作）（是二维线路验证模拟,是实体验证）。如有错误,及时改正。

⑦进行后处理,生成程序。方法同工序 20。

（五）工序 50

锐边倒钝,去毛刺。借助倒角器或其他工具去除毛刺。

（六）工序 60

用清洗剂清洗零件。用于去除零件表面杂质,防止工件生锈。

（七）工序 70

按图样尺寸,借助三坐标测量机或手工测量工具进行工件检测,并填写相关附件表格。

三、编制加工程序

在刀路状态栏,鼠标左键选中要加工的路径,单击 G1 按钮,单击"确定"按钮。选择保存路径。

四、仿真加工零件

选中全部零件加工轨迹,单击 按钮,单击"开始"按钮,验证仿真加工。

学习笔记

五、零件加工

严格遵守数控机床的操作规程,按照前面的分析过程,加工出齿形传动轴零件。

六、零件检测

齿形传动轴评分表见表4.2.4。

表4.2.4 职业技能鉴定齿形传动轴评分表

班级：_____ 身份证号：_____ 考生姓名：_____

题号	一	二	合计
成绩			

序号	考核内容	考核要求	评分标准	配分	扣分	得分
1	工艺参数	工艺不合理,酌情扣分。 1. 定位和夹紧不合理。 2. 加工顺序不合理。 3. 刀具选择不合理。 4. 关键工序错误	每违反一条,酌情扣1分。扣完5分为止	5		
2	程序编制	1. 指令运用合理,程序完整。 2. 运用刀补合理、准确。 3. 数值计算正确,程序编制有一定技巧,简化计算和加工程序	每违反一条,酌情扣1~5分。扣完20分为止	20		
3	数控车床规范操作	1. 开机前检查和开机顺序正确。 2. 开机后回参考点。 3. 正确对刀,建立工件坐标系。 4. 正确设置各种参数。 5. 正确仿真校验	每违反一条,酌情扣1~2分。扣完10分为止	10		
备注			合计	35		
			考评员签字	年	月	日

序号	考核内容	考核要求	评分标准	配分	扣分	得分
1	外径尺寸	$\phi 46^{~0}_{-0.025}$ mm	超差0.01扣1分	6		
2		$\phi 38^{~0}_{-0.025}$ mm	超差0.01扣1分	6		
3		$\phi 20^{~0}_{-0.021}$ mm	超差0.01扣1分	6		
4		$\phi 20^{~0}_{-0.033}$ mm	超差0.01扣1分	6		
5		$\phi 30^{~0}_{-0.021}$ mm	超差0.01扣1分	6		

序号	考核内容	考核要求	评分标准	配分	扣分	得分
6	长度尺寸	(70 ± 0.15) mm	超差0.02扣1分	5		
7		$25_{-0.05}^{0}$ mm	超差0.02扣1分	5		
8		(5 ± 0.03) mm	超差0.02扣1分	5		
9	圆弧尺寸	$SR10$ mm	超差无分	3		
10	角度尺寸	$40°$	超差无分	3		
11	其他尺寸	$Ra1.6$ μm	每降一级扣1分	3		
12		$Ra3.2$ μm	每降一级扣1分	3		
13	倒角	$C1$ 倒角、去毛刺等	不合格不得分	3		
14	安全文明生产	1. 着装规范。 2. 工具放置正确。 3. 刀具安装规范,工件装夹正确。 4. 正确使用量具。 5. 卫生、设备保养	每违反一条,酌情扣1分。扣完为止	5		
备注			合计			
			考评员签字	年	月	日

考生需知

1. 参加职业技能鉴定的考生要衣装整齐,要准备好两证(准考证、身份证)以备核查。

2. 考生按照技术文件要求自带工量刃具。

3. 考生进入考场后,根据自己抽得的机位号在现场工作人员的指导下,确定考试工位,不得擅自变更、调整。

4. 考生应严格遵守考场纪律,除考试指定用品外,严禁携带规定以外的其他物品进入考场。不得将考场提供的工具、材料等物品带出考场。

5. 考生在考试过程中,不得在规定以外的地方留下个人相关信息。

6. 考生如遇到设备或其他影响考试的问题,应及时举手示意,等待考评员过来处理。

7. 考生在考试过程中不得擅自离开赛场,如有特殊情况,需经考评员同意,方可离场。

8. 考试时间一到,考生应立即停止操作,不得以任何理由拖延考试时间,若考生提前完成任务,应经考评员同意后方可离开考场。

随堂笔记

随学随记,记下学习的重点内容,总结个人的收获,积累学习经验,养成良好的学习习惯。记录表见表4.2.5所示。

表 4.2.5　随堂笔记

学习内容	收获与体会

任务实施路径与步骤

一、任务实施路径

引导学生按照实施路径完成项目任务,并形成良好的分析思维。实施路径如图 4.2.2 所示。

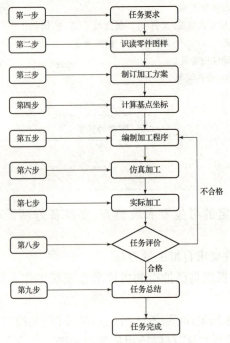

图 4.2.2　任务实施路径图

二、任务实施步骤

1. 任务要求。了解职业技能鉴定要求。(0.1 学时)

2. 识读零件图样。了解图样的加工要求,弄清要加工的表面和特征,看清基本尺寸、精度、表面质量等方面具体需要达到的要求。(0.2 学时)

3. 制订加工方案。制订加工工艺和可行性加工方案,最后经比较确定出最合理的加工方案,确定出合理的工量刃具。(0.4 学时)

4. 计算基点坐标。根据图样尺寸要求,并结合加工方案,确定出合理的编程原点,建立编程坐标系,利用数学计算能力,正确计算出各个基点的坐标值。

5. 编制加工程序。首先根据上述加工方案的选择，确定走刀路线，结合基础篇章编程基础知识、数控铣削指令应用知识，选择需要使用的指令，最后按照零件轮廓编制出数控加工程序和相关辅助程序。(1 学时)

6. 仿真加工。将编制出的数控程序录入数控铣削仿真软件中，规范操作数控铣床，正确安装好毛坯、刀具，完成对刀操作，最后循环启动机床，仿真加工出模拟零件。

7. 任务评价。首先学生自己评价出图样程序的编制代码，仿真加工路径，仿真加工过程中有无违反操作规程，模拟零件尺寸是否正确，然后学生互相评价，最后指导教师再评价并给定成绩。(0.2 小时)

8. 任务总结。学生总结这次工作过程，在小组中交流，并选小组代表在全班介绍，讨论编制程序及仿真加工时出现的问题和解决的方法。(0.1 学时)

工作任务实施

一、组织方式

每 6 位同学一组，1 台六角桌，分配出不同角色，并确定出各自的任务。

二、工作准备

每桌配有学习手册、工作任务要求、活页教材、活页夹、计算机及切削加工手册等学习用品。

工作评价

工作评价采用学生自评 + 学生互评 + 教师评价、素质评价 + 能力评价、过程评价 + 结果评价多元评价模式，见表 4.2.6。

表 4.2.6　工作评价

评价内容		分值	自评(20%)	互评(20%)	教师评价(60%)	得分
工作过程	学习态度	20				
	通识知识	20				
	关键能力	20				
工作成果	成果质量	40				
合计						

课后训练

完成二维码所示零件的加工方案和工艺规程的制订，并进行程序编制。

高级考核零件二

一、识读零件图样

通过识读如图 4.2.3 所示图样,从轮廓、尺寸精度、形位公差等方面分析可知其加工内容,见表 4.2.7。

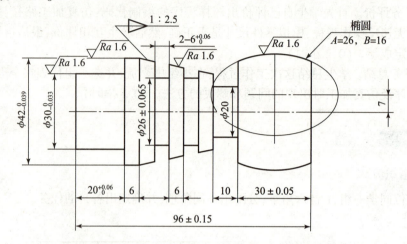

技术要求:
1. 未注倒角为 C1;
2. 未注公差尺寸按 GB 1804–M;
3. 毛坯尺寸 $\phi50$ mm×100 mm;
4. 不准用纱布及锉刀等修饰表面。

图 4.2.3　曲线槽轴

表 4.2.7　图纸分析表

分析项目	分析内容
轮廓分析	图形较为复杂,图中包括外圆柱、斜圆柱、外沟槽、椭圆轮廓。主要考察外轮廓加工精度、掉头加工的综合零件。图形以 $\phi42$ mm 直径外轮廓为分界,左侧加工内容有 $\phi42$ mm、$\phi30$ mm 外圆柱,图形单一,可作为精加工定位线;$\phi42$ mm 右侧加工内容有外圆柱、斜圆柱、外沟槽、椭圆轮廓,其中椭圆轮廓复杂曲面加工,可以按照正常的外圆—外沟槽的加工顺序加工
尺寸分析	尺寸中轮廓加工包括精度尺寸 5 处,上偏差 0,下偏差 – 0.033 mm;上偏差 0,下偏差 – 0.039 mm,公差带等级为 IT8 级。1 处长度偏差,上偏差 + 0.06 mm,下偏差 0;上偏差 + 0.05 mm,下偏差 – 0.05 mm。剩余长度为自由公差,公差等级为 IT9 级。通过分析可知加工精度适中,加工工序采用粗加工—精加工即可保证精度
表面粗糙度	图样中表面粗糙度为 1.6 μm,一般精加工能够满足表面粗糙度要求
其他	

二、制订加工方案

此零件加工方案分析见表 4.2.8。

表 4.2.8 加工方案表

项目	分析内容
工艺分析	见表 4.2.9
刀具分析	根据图纸分析,图中没有圆弧曲面,使用 93° 外圆车刀可以加工图中外圆轮廓部分。外沟槽受槽宽的限制,选用 5 mm 宽的外槽刀具。导杆厚度受机床参数影响,根据机床参数选取导杆厚度,一般导杆有 20 mm 和 25 mm 厚度
量具分析	通过图样分析,公差为 0.03 mm,使用外径千分尺测量能够满足要求,长度使用游标卡尺能够满足要求,表面粗糙度需使用表面粗糙度测量仪检测
夹具分析	通过图样分析,此轴类零件长度和直径的比例接近 2∶1,装夹使用三爪自定心卡盘,定位选取尽可能长的夹持长度,以保证同轴度

★以 Mastercam 2021 软件为例,按照考核发放的工艺过程卡片中的工艺过程进行自动编制程序。

表 4.2.9 曲线槽轴工艺过程卡片

零件名称	曲线槽轴	数控加工工艺过程卡	毛坯种类	棒料	共 1 页
			材料	45 钢	第 1 页
工序号	工序名称	工序内容	设备	工艺装备	
10	备料	备料 ϕ50 mm×100 mm,材料为 45 钢			
20	数车	车左端端面,粗、精车左端 ϕ42 mm、ϕ30 mm 的外圆,长度达到图纸要求	CAK6140	三爪卡盘	
30	数车	掉头装夹,校准圆跳动小于 0.02 mm	CAK6140	三爪卡盘	
40	数车	车右端椭圆、ϕ26 mm 的槽、C1 倒角,达到图纸要求尺寸	CAK6140	三爪卡盘	
50	钳工	锐边倒钝,去毛刺	钳台	台虎钳	
60	清洗	用清洗剂清洗零件			
70	检验	按图样尺寸检测			
编制		日期		审核	日期

（一）工序 10

毛坯尺寸为 ϕ50 mm×100 mm,材料为 45 钢。在自动编程软件中确定中心位置。打开 MC,"平面"选择"俯视图"。

（二）工序 20

①按照工序要求,依据图纸绘制准确的加工轮廓线。装夹毛坯,车削零件左端面的 ϕ42 mm 外圆和 C1 倒角,保证长度尺寸。绘制图形时,按照装夹方向,将左端加工轮廓向右绘制。利用"连续线""补正""倒角"等相关命令绘制图形。

②设置毛坯。选择"刀路"→"设置毛坯",根据实际情况选择左侧主轴或右侧主轴。

单击对话框中"毛坯"右侧的"参数"按钮,毛坯直径设置为50 mm,长度设置为100 mm,"轴向位置"填写"2",目的是将端面设置出2 mm的切除量。

③右击"刀路",选择"车床刀路",选择"端面"。

④根据实际情况使用刀具,选择一种刀具,双击图形,弹出"进入刀具"对话框,填写刀具相关参数。

⑤填写切削参数。

⑥填写车端面的加工参数,粗车步进量要根据实际刀杆、刀片材质及刀尖圆角半径来设定。

⑦关闭对话框后,系统自动生成刀具轨迹。若不显示刀具轨迹,单击"刀路"状态栏的 ▷ 按钮,重新生成全部已选中的刀路,即可查看到刀路情况。

⑧在"刀路"状态栏右击,选择"车床刀路"→"粗车"。选择"串联",用于拾取粗加工的轮廓。

⑨填写粗车外圆的加工参数,刀具参数与端面车削刀具相同。

⑩填写粗车参数。

单击"确定"按钮后,得到刀具轨迹。

⑪选择精加工参数。精加工切削用量与粗加工由于加工工艺的不同,参数也有所不同。

因精加工无须再留余量,因此 X 预留量为0。

确认后,生成精加工刀具轨迹。

完成刀具轨迹后,可通过 Mastercam 软件自带的仿真校验功能查看切削情况。找到刀具状态栏,选择≈(模拟已选择的操作)或 ▣(验证已选择的操作)(≈是二维线路验证模拟,▣是实体验证)。如有错误,及时改正。

⑫进行后处理,生成程序。鼠标左键选中加工轨迹,在刀路状态栏中选择"G1"(执行选择的操作进行后处理),文件扩展名可供选择的有 .cut、.txt、.nc 等,根据机床系统选择。

⑬保存程序。以"O"为开头命名,保存在指定目录,便于查阅和复制。

(三)工序30

掉头装夹,校准圆跳动小于0.02 mm。掉头后,三爪卡盘装夹 φ46 mm 外圆表面。

(四)工序40

车右端椭圆、锥面和槽、$C1$ 倒角。

①根据测量的工件总长度,确定保证零件图纸要求的长度(96±0.1)mm还需要去除多少余料。执行车端面工步时,可以保证零件总长度要求。例如:当工件完成工序20后,测量的零件总长为98.6 mm。那么,在"毛坯设置"中的"轴向位置"处填写"2.6"。

②车端面使用的刀具、切削参数、切削数据请参考工序 20 的车端面相关设置。设置完成后,生成端面刀具路径。

③生成槽程序。退刀槽加工方法可以选用等宽槽刀刀具,通过手工编程加工获得零件加工尺寸;另一种方法是自动编程。

a. 选用刀具。槽刀的选用主要看刀具尺寸,刀具尺寸要小于等于图纸槽宽尺寸。

b. 设置沟槽形状参数。沟槽形状包括槽顶和槽底的圆角尺寸、槽锥度,若为直槽加工,此项可忽略不填。

c. 沟槽粗车精度填写参照。

d. 沟槽精车精度填写参照。

e. 确认后,沟槽切削粗加工轨迹、沟槽切削精加工轨迹如视频所示。

完成刀具轨迹后,可通过 Mastercam 软件自带的仿真校验功能查看切削情况。找到"刀具状态栏",选择 ≋(模拟已选择的操作)或 ▣(验证已选择的操作)(≋是二维线路验证模拟,▣是实体验证)。如有错误,及时改正。

f. 检查后处理,生成程序。方法同工序 20。

④粗车右端外轮廓,使用的刀具、切削参数、切削数据请参考工序 20 的车外圆轮廓相关设置。

⑤精车右端外轮廓,使用的刀具、切削参数、切削数据请参考工序 20 的车外圆轮廓相关设置。

(五)工序 50

锐边倒钝,去毛刺。借助倒角器或其他工具去除毛刺。

(六)工序 60

用清洗剂清洗零件。用于去除零件表面杂质,防止工件生锈。

(七)工序 70

按图样尺寸检测。借助三坐标测量机或手工测量工具进行工件检测。填写相关附件表格。

三、编制加工程序

在刀路状态栏鼠标左键选中要加工的路径,单击 G1 按钮,单击"确定"按钮。选择保存路径。

四、仿真加工零件

选中全部零件加工轨迹,单击 ▣ 按钮,单击"开始"按钮,验证仿真加工。

五、零件加工

严格遵守数控机床的操作规程,按照前面的分析过程,加工出曲线槽轴零件。

六、零件检测

此零件评分表见表 4.2.10。

表 4.2.10　职业技能鉴定（曲线槽轴）评分表

班级：＿＿＿＿＿＿＿＿＿＿　身份证号：＿＿＿＿＿＿＿　考生姓名：＿＿＿＿＿＿＿

题号	一	二	合计
成绩			

一、加工数据

序号	考核内容	考核要求	评分标准	配分	扣分	得分
1	工艺参数	工艺不合理，酌情扣分。 1. 定位和夹紧不合理。 2. 加工顺序不合理。 3. 刀具选择不合理。 4. 关键工序错误	每违反一条，酌情扣 1 分。扣完 5 分为止	5		
2	程序编制	1. 指令运用合理，程序完整。 2. 运用刀补合理准确。 3. 数值计算正确，程序编制有一定技巧，简化计算和加工程序	每违反一条，酌情扣 1~5 分。扣完 20 分为止	20		
3	数控车床规范操作	1. 开机前检查和开机顺序正确。 2. 开机后回参考点。 3. 正确对刀，建立工件坐标系。 4. 正确设置各种参数。 5. 正确仿真校验	每违反一条，酌情扣 1~2 分。扣完 10 分为止	10		

备注	合计		35		
	考评员签字		年　　月　　日		

二、加工精度

序号	考核内容	考核要求	评分标准	配分	扣分	得分
1	外径尺寸	$\phi 42_{-0.039}^{0}$ mm	超差 0.01 扣 1 分	8		
2		$\phi 30_{-0.033}^{0}$ mm	超差 0.01 扣 1 分	8		
3		$\phi(26 \pm 0.065)$ mm	超差 0.02 扣 1 分	8		
4		$\phi 20$ mm	超差无分	5		
5	长度尺寸	(96 ± 0.15) mm	超差 0.02 扣 1 分	6		
6		$20_{0}^{+0.06}$ mm	超差 0.02 扣 1 分	4		
7		(30 ± 0.05) mm	超差 0.02 扣 1 分	4		
8		$6_{0}^{+0.06}$ mm（2 处）	超差 0.02 扣 1 分	6		

二、加工精度

序号	考核内容	考核要求	评分标准	配分	扣分	得分
9	其他尺寸	椭圆弧	超差无分	4		
10		锥度 1 : 2.5	超差无分	3		
11		$Ra1.6\ \mu m$, $Ra3.2\ \mu m$	每降一级,扣 1 分	3		
12	倒角	$C1$、去毛刺等	超差无分	1		
13	安全文明生产	1. 着装规范。 2. 工具放置正确。 3. 刀具安装规范,工件装夹正确。 4. 正确使用量具。 5. 卫生、设备保养	每违反一条,酌情扣 1 分。扣完为止	5		
备注			合计			
			考评员签字		年　月　日	

考生需知

1. 参加职业技能鉴定的考生要衣装整齐,要准备好两证(准考证、身份证)以备核查。

2. 考生按照技术文件要求自带工量刃具。

3. 考生进入考场后,根据自己抽得的机位号在现场工作人员的指导下,确定考试工位,不得擅自变更、调整。

4. 考生应严格遵守考场纪律,除考试指定用品外,严禁携带规定以外的其他物品进入考场。不得将考场提供的工具、材料等物品带出考场。

5. 考生在考试过程中,不得在规定以外的地方留下个人相关信息。

6. 考生如遇到设备或其他影响考试的问题,应及时举手示意,等待考评员过来处理。

7. 考生在考试过程中不得擅自离开赛场,如有特殊情况,需经考评员同意,方可离场。

8. 考试时间一到,考生应立即停止操作,不得以任何理由拖延考试时间,若考生提前完成任务,应经考评员同意后方可离开考场。

随堂笔记

随学随记,记下学习的重点内容,总结个人的收获,积累学习经验,养成良好的学习习惯。记录表见表 4.2.11。

表 4.2.11　随堂笔记

学习内容	收获与体会

工作任务实施

一、组织方式

每6位同学一组,1台六角桌,分配出不同角色,并确定出各自的任务。

二、工作准备

每桌配有学习手册、工作任务要求、活页教材、活页夹、计算机及切削加工手册等学习用品。

任务实施路径与步骤

一、任务实施路径

引导学生按照实施路径完成项目任务,并形成良好的分析思维。实施路径如图4.2.4所示。

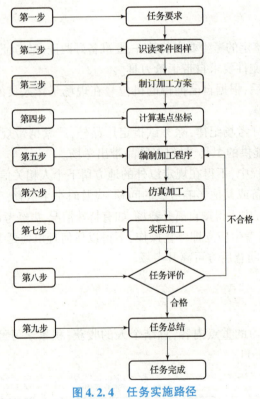

图 4.2.4　任务实施路径

二、任务实施步骤

1. 任务要求。了解职业技能鉴定要求。(0.1 学时)

2. 识读零件图样。了解图样的加工要求,弄清要加工的表面和特征,看清基本尺寸、精度、表面质量等方面具体需要达到的要求。(0.2 学时)

3. 制订加工方案。制订加工工艺和可行性加工方案,最后经比较确定出最合理的加工方案,确定出合理的工量刃具。(0.4 学时)

4. 计算基点坐标。根据图样尺寸要求,并结合加工方案,确定出合理的编程原点,建立编程坐标系,利用数学计算能力正确计算出各个基点的坐标值。

5. 编制加工程序。首先根据上述加工方案的选择,确定走刀路线,结合基础篇章编程基础知识、数控铣削指令应用知识,选择需要使用的指令,最后按照零件轮廓编制出数控加工程序和相关辅助程序。(1 学时)

6. 仿真加工。将编制出的数控程序录入数控铣削仿真软件中,规范操作数控铣床,正确安装好毛坯、刀具,完成对刀操作,最后循环启动机床,仿真加工出模拟零件。

7. 任务评价。首先学生自己评价图样程序的编制代码、仿真加工路径、仿真加工过程中有无违反操作规程、模拟零件尺寸是否正确,然后学生互相评价,最后指导教师再评价并给定成绩。(0.2 小时)

8. 任务总结。学生总结这次工作过程,在小组中交流,并选小组代表在全班介绍,讨论编制程序及仿真加工时出现的问题和解决的方法。(0.1 学时)

工作评价

工作评价采用学生自评 + 学生互评 + 教师评价、素质评价 + 能力评价、过程评价 + 结果评价多元评价模式,见表 4.2.12。

表 4.2.12 工作评价

评价内容		分值	自评(20%)	互评(20%)	教师评价(60%)	得分
工作过程	学习态度	20				
	通识知识	20				
	关键能力	20				
工作成果	成果质量	40				
合计						

课后训练

完成如二维码所示零件的加工方案和工艺规程的制订,并进行程序编制。

任务2 数控铣削鉴定零件数控编程与加工

职业技能鉴定是一项基于职业技能水平的考核活动,属于标准参照型考试。它是由考试考核机构对劳动者从事某种职业所应掌握的技术理论知识和实际操作能力做出客观的测量与评价。职业技能鉴定是国家职业资格证书制度的重要组成部分。国家职业技能鉴定中心是由国家人力资源和社会保障部职业技能鉴定中心,以及中国就业培训指导中心共同开发的对国家职业技能从业人员实行在线管理的网络服务平台,主要提供全国各省市的职业技能证书查询服务。

教学目标

1. 素质目标:具备正确的社会主义核心价值观和道德法律意识;具备精益求精、追求卓越的工匠精神和严谨细致、踏实肯干的工作作风;具备良好的团队协作精神、协调能力、组织能力和管理能力。

2. 知识目标:了解数控铣削技能鉴定零件的加工过程,能够正确识读零件图,掌握数控铣削的各个编程指令的应用方法,熟练掌握数控仿真软件的使用方法,掌握数控铣床的操作规程。

3. 能力目标:能够制订鉴定零件的数控铣削加工工艺方案,会根据图样要求合理选择数控铣削编程指令,能够编写出零件的数控加工程序,熟练操作数控铣削仿真软件加工出仿真零件,熟练操作数控铣床加工出合格的零件。

工作任务要求

国家实施职业技能鉴定的主要内容包括职业知识、操作技能和职业道德三个方面。这些内容是依据国家职业技能标准、职业技能鉴定规范来确定的,并通过编制试卷来进行鉴定考核。职业技能鉴定分为知识要求考试和操作技能考核两部分,下面重点学习操作技能考核部分。

一、考核准备

考生根据考核准备清单,准备好刀具、量具、辅具等。

二、考核要求

①编制数控加工工序卡:根据图样要求,制订出鉴定零件的数控加工工艺过程。
②仿真加工:根据图样要求,使用仿真软件加工出仿真零件。
③零件加工:规范操作数控铣床,完成零件的加工。

工作过程要领

中级考核零件——槽轮数控铣削编程与加工。

一、识读零件图样

通过识读如图 4.2.5 所示槽轮零件,从轮廓、尺寸精度、形位公差等方面分析可知其加工内容,见表 4.2.13。

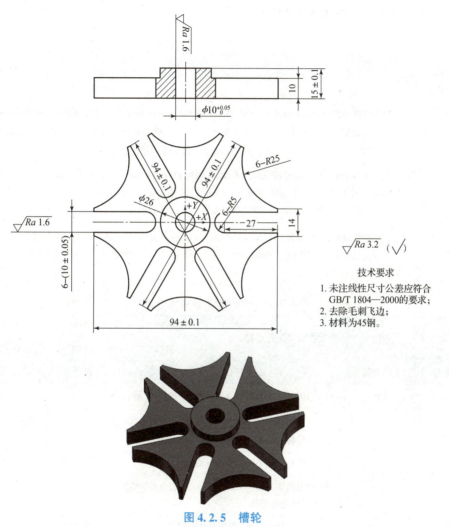

技术要求
1. 未注线性尺寸公差应符合 GB/T 1804—2000的要求;
2. 去除毛刺飞边;
3. 材料为45钢。

图 4.2.5　槽轮

表 4.2.13　槽轮图样分析

图样名称	槽轮
加工表面	包括 $\phi26$ mm×5 mm 圆柱体,6 个开口槽,槽宽为(10 ± 0.05)mm,6 个 $R25$ mm 的外圆弧面,一个 $\phi10 _{0}^{+0.05}$ mm 通孔,三个对边尺寸为(94 ± 0.1)mm 的棱柱面
加工精度	6 个开口槽,槽宽公差为 0.1 mm;$\phi10 _{0}^{+0.05}$ mm 通孔公差为 0.05 mm,棱柱面对边尺寸公差为 0.2 mm,总高尺寸公差为 0.2 mm,其他尺寸均为未注公差等级
表面质量	6 个开口槽表面及 $\phi10 _{0}^{+0.05}$ mm 通孔表面,表面粗糙度为 $Ra1.6$ μm,其他表面粗糙度均为 $Ra3.2$ μm
技术要求	未注线性尺寸公差符合 GB/T 1804—2000 的要求,零件材料为 45 钢,加工后需去除毛刺

二、制订加工方案

职业技能鉴定零件属于单件首次加工,因此,在数控加工时,应当尽量在一次装夹中完成多个表面的加工,在确定加工工艺过程时,采用根据装夹次数的方法来确定加工工序。槽轮加工方案分析见表4.2.14。

表4.2.14　槽轮加工方案分析(1)

项目	分析内容
工艺分析	见表4.2.15
刀具分析	根据图样分析,$\phi26$ mm×5 mm 圆柱体及(94±0.1)mm 对边属于外轮廓形体,可采用 $\phi16$ mm 立铣刀完成形体的粗精加工;6－(10±0.05)mm 开口槽和 $\phi10^{+0.05}_{0}$ mm 通孔属于内轮廓表面加工,刀具需考虑最小内圆弧尺寸,可采用 $\phi8$ mm 键槽铣刀进行粗精加工
量具分析	通过图样分析,对于精度较高的外表面,可使用精度为 0.01 mm 的外径千分尺测量;对于精度较高的内孔表面,可以采用精度为 0.01 mm 的内径千分尺测量;对于高度尺寸,可使用精度为 0.02 mm 游标卡尺测量;表面粗糙度测量需使用表面粗糙度测量仪检测或采用样板进行比对
夹具分析	通过图样分析,此毛坯为 100 mm×100 mm×20 mm 长方体,因此选用平口钳进行装夹,在保证加工有效高度的前提下,夹持尽可能长的长度,并在下面垫等高垫铁,以保证零件的加工刚性

表4.2.15　槽轮加工方案分析(2)

零件名称	槽轮	数控加工工艺过程卡	毛坯种类	锻件	共1页
			材料	45 钢	第1页
工序号	工序名称	工序内容	设备	工艺装备	
10	备料	备料 100 mm×100 mm×20 mm,材料为 45 钢			
20	数控铣	20.1:粗精加工 $\phi26$ mm×5 mm 圆柱体	VMC850	平口钳	
		20.2:粗精加工 6－(10±0.05)mm 的开口槽			
		20.3:粗精加工 $\phi10^{+0.05}_{0}$ mm 通孔			
		20.4:粗精加工由(94±0.1)mm 对边及 6－$R25$ 圆组成的外轮廓形体			
30	数控铣	翻面装夹,加工下面,保证总体高度	VMC850	平口钳	
40	钳工	锐边倒钝,去毛刺	钳台	台虎钳	
50	清洗	用清洗剂清洗零件			
60	检验	按图样尺寸检测			
编制		日期	审核		日期

三、计算基点坐标

(一)编程原点

工序20:选取工件上面的中心点 $O_{上}$ 为编程原点。

工序 30：选取工件下面的中心点 $O_{下}$ 为编程原点。

（二）基点坐标

根据槽轮零件图，找出各个基点，再根据各工序确定出对应基点坐标值。

工序 20：选取工件上面中心为编程原点，各基点位置如图 4.2.6 所示。

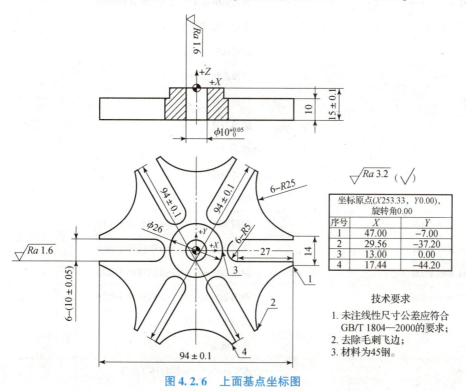

坐标原点(X253.33，Y0.00)，旋转角0.00		
序号	X	Y
1	47.00	−7.00
2	29.56	−37.20
3	13.00	0.00
4	17.44	−44.20

技术要求

1. 未注线性尺寸公差应符合 GB/T 1804—2000 的要求；
2. 去除毛刺飞边；
3. 材料为45钢。

图 4.2.6　上面基点坐标图

由图 4.2.6 可知工件上面中心为编程原点，主要加工圆柱、多边形与外圆弧组成的外轮廓形体、多个槽以及通孔。各基点相对于上面中心点的坐标值见表 4.2.16。

表 4.2.16　上面基点坐标值

名称	X 坐标	Y 坐标	Z 坐标
编程原点 $O_{上}$	X0	Y0	Z0
基点 1	X47	$Y−$7	$Z−$15
基点 2	$X−$29.56	$Y−$37.2	$Z−$15
基点 3	$X−$13	Y0	$Z−$5
基点 4	X17.44	$Y−$44.2	$Z−$15

四、编制加工程序

工序 20：加工上面轮廓。

加工上面轮廓的数控加工程序见表 4.2.17。

表 4.2.17　工序 20 上面轮廓程序

零件名称	槽轮		加工表面	加工 $\phi26$ mm×5 mm 圆柱体
加工程序		程序知识点		备注
O0030		加工 $\phi26$ mm×5 mm 圆柱体程序名		
G54 G90 G00 X0 Y0 Z100		建立 G54 工件坐标系		
G99		设置每转进给量		
M03 S500		主轴正转,500 r/min		
Z50		移动刀具		
X70		移动刀具		
Z5		移动刀具		
G01Z－5 F0.1		移动刀具		
D01 M98 P100		调用 $\phi26$ mm×5 mm 圆柱体子程序		
D02 M98 P100		调用 $\phi26$ mm×5 mm 圆柱体子程序		
D03 M98 P100		调用 $\phi26$ mm×5 mm 圆柱体子程序		
D04 M98 P100		调用 $\phi26$ mm×5 mm 圆柱体子程序		
D05 M98 P100		调用 $\phi26$ mm×5 mm 圆柱体子程序		
G00 Z100 M05		抬刀至 Z100 处,主轴停止		
M30		程序结束		
O100		$\phi26$ mm×5 mm 圆柱体子程序		
G41 G00 X70 Y57		建立刀具左补偿		
G03 X13 Y0 R57 F0.1		圆弧切入		
G02 I－13		加工圆弧		
G03 X70 Y－57 R57		圆弧切出		
G40 G00 Y0		取消刀具补偿		
M99		子程序结束		
零件名称	槽轮		加工轮廓	加工 6－(10±0.05)mm 的开口槽
加工程序		程序知识点		备注
O0031		加工 6－(10±0.05)mm 的开口槽程序名		
G54 G90 G00 X0 Y0 Z100		建立 G54 工件坐标系		
G99		设置每转进给量		
M03 S500		主轴正转,500 r/min		
Z50		移动刀具		

学习笔记

零件名称	槽轮	加工轮廓	加工 6 - (10 ± 0.05)mm 的开口槽
Z5		移动刀具	
D06 M98 P110		调用 6 - (10 ± 0.05)mm 的开口槽子程序	
G68 X0 Y0 R60		设置旋转 60°	
D06 M98 P110		调用 6 - (10 ± 0.05)mm 的开口槽子程序	
G68 X0 Y0 R120		设置旋转 120°	
D06 M98 P110		调用 6 - (10 ± 0.05)mm 的开口槽子程序	
G68 X0 Y0 R180		设置旋转 180°	
D06 M98 P110		调用 6 - (10 ± 0.05)mm 的开口槽子程序	
G68 X0 Y0 R240		设置旋转 240°	
D06 M98 P110		调用 6 - (10 ± 0.05)mm 的开口槽子程序	
G68 X0 Y0 R300		设置旋转 300°	
D06 M98 P110		调用 6 - (10 ± 0.05)mm 的开口槽子程序	
G69		取消旋转	
G00 Z100 M05		主轴正转	
M30		程序结束	

零件名称	槽轮	加工轮廓	加工 $10^{+0.05}_{0}$mm 通孔
加工程序		程序知识点	备注
O0033		加工 $10^{+0.05}_{0}$mm 通孔程序名	
G54 G90 G00 X0 Y0 Z100		建立 G54 工件坐标系	
G99		设置每转进给量	
M03 S500		主轴正转,500 r/min	
Z50		移动刀具	
Z5		移动刀具	
G01 Z - 5 F0.1		刀具切深至 Z - 5	
D06 M98 P120		调用 $10^{+0.05}_{0}$mm 通孔子程序	
G01 Z - 10 F0.1		刀具切深至 Z - 10	

零件名称	槽轮	加工轮廓	加工 6 - (10 ± 0.05) mm 的开口槽
加工程序		程序知识点	备注
D06 M98 P120		调用 $10^{+0.05}_{0}$ mm 通孔子程序	
G01 Z - 15 F0.1		刀具切深至 $Z - 15$	
D06 M98 P120		调用 $10^{+0.05}_{0}$ mm 通孔子程序	
G00 Z100 M05		刀具抬刀至 Z100,主轴停止	
M30		程序结束	
O100		$10^{+0.05}_{0}$ mm 通孔子程序名	
G41 G01 X5 Y0 F0.1		建立刀具左补偿	
G03I - 5		加工圆弧	
G40 G01 X0 Y0		取消刀具补偿	
M99		子程序结束	
零件名称	槽轮	加工轮廓	加工 6 - R25 外轮廓综合形体
加工程序		程序知识点	备注
O0032		6 - R25 外轮廓综合形体程序名	
G54 G90 G00 X0 Y0 Z100		建立 G54 工件坐标系	
G99		设置每转进给量	
M03 S500		主轴正转,500 r/min	
Z50		移动刀具	
X70		移动刀具	
Z5		移动刀具	
G01 Z - 15 F0.1		刀具切深至 $Z - 15$ 处	
D04 M98 P111		调用外轮廓综合形体子程序	
D05 M98 P111		调用外轮廓综合形体子程序	
G00 Z100 M05		刀具抬刀至 Z100,主轴停止	
M30		程序结束	
O111		外轮廓综合形体子程序名	
G41 G00 X47 Y0		建立刀具补偿	
G01 X47 Y - 7 F0.1		移动刀具	

零件名称	槽轮	加工轮廓	加工6 – R25 外轮廓综合形体
加工程序		程序知识点	备注
G03 X29.56 Y – 37.2 R25		移动刀具	
G01 X17.44 Y – 44.2		移动刀具	
G03 X – 17.44 R25		移动刀具	
G01 X – 29.56 Y – 37.2		移动刀具	
G03 X – 47 Y – 7 R25		移动刀具	
G01 Y7		移动刀具	
G03 X – 29.56 Y37.2 R25		移动刀具	
G01 X – 17.44 Y44.2		移动刀具	
G03 X17.44 R25		移动刀具	
G01 X29.56 Y37.2		移动刀具	
G03 X47 Y7 R25		移动刀具	
G01 Y0		移动刀具	
G40 G00 X70 Y0		取消刀具补偿	
M99		子程序结束	

五、仿真加工

(一)准备工作

打开仿真软件,设置毛坯,安装刀具,传入数控加工程序。

(二)自动运行程序

关闭机床防护门,设置机床显示状态,以便观察加工过程,最后单击"循环启动"按钮开始仿真加工。

(三)仿真零件检测

①观察仿真加工过程,检查刀具路径是否存在碰撞。

②检测仿真零件尺寸,结合程序数据,检查程序数值是否存在错误,或者判断对刀是否正确。

六、零件加工

严格遵守数控机床的操作规程,按照前面的分析过程,加工出槽轮零件。

七、零件检测

零件检测评分表见表4.2.18。

表 4.2.18 中级数控铣工操作技能考核评分记录

班级：＿＿＿＿＿＿＿＿ 身份证号：＿＿＿＿＿＿ 考生姓名：＿＿＿＿＿＿＿＿

题号	一	二	合计
成绩			

一、加工数据

序号	考核内容	考核要求	评分标准	配分	扣分	得分
1	工艺参数	工艺不合理,酌情扣分。1. 定位和夹紧不合理；2. 加工顺序不合理；3. 刀具选择不合理；4. 关键工序错误	每违反一条,酌情扣1分。扣完5分为止	5		
2	程序编制	1. 指令运用合理,程序完整。2. 运用刀补合理、准确。3. 数值计算正确,程序编制有一定技巧,简化计算和加工程序	每违反一条,酌情扣1~5分。扣完20分为止	20		
3	数控车床规范操作	1. 开机前检查和开机顺序正确。2. 开机后回参考点。3. 正确对刀,建立工件坐标系。4. 正确设置各种参数。5. 正确仿真校验	每违反一条,酌情扣1~2分。扣完10分为止	10		

备注	合计	35
	考评员签字	年 月 日

二、加工精度

序号	主要内容	考核要求	评分标准	配分	扣分	得分
1	孔槽	$\phi 10 {}^{+0.05}_{0}$ mm	超差0.01扣2分	3		
		$6-\phi(10\pm0.05)$ mm 槽	超差0.01扣2分	18		
		$\phi 10 {}^{+0.05}_{0}$ mm,孔深 (15 ± 0.1) mm	超差不得分	2		
		$6-\phi(10\pm0.05)$ 槽深 10 mm	超差不得分	5		
		$Ra1.6$ μm	超差不得分	3		
2	外形	$\phi 26$ mm 圆柱	超差0.01扣2分	3		
		(94 ± 0.1) mm(6处)	超差0.01扣2分	12		
		$6-R25$ mm	超差不得分	6		

学习笔记

二、加工精度

序号	主要内容	考核要求	评分标准	配分	扣分	得分
3	其他	27 mm,14 mm,10 mm	超差不得分	3		
		$Ra3.2\ \mu m$	超差不得分	5		
4	安全文明生产	1. 着装规范。 2. 工具放置正确。 3. 刀具安装规范,工件装夹正确。 4. 正确使用量具。 5. 卫生、设备保养	每违反一条,酌情扣1分。扣完为止	5		
备注			合计	65		
			考评员签字		年　月　日	

考生须知

1. 参加职业技能鉴定的考生要衣装整齐,要准备好两证(准考证、身份证)以备核查。

2. 考生按照技术文件要求自带工量刃具。

3. 考生进入考场后,根据自己抽得的机位号在现场工作人员的指导下,确定考试工位,不得擅自变更、调整。

4. 考生应严格遵守考场纪律,除考试指定用品外,严禁携带规定以外的其他物品进入考场。不得将考场提供的工具、材料等物品带出考场。

5. 考生在考试过程中,不得在规定以外的地方留下个人相关信息。

6. 考生如遇到设备或其他影响考试的问题,应及时举手示意,等待考评员过来处理。

7. 考生在考试过程中不得擅自离开赛场,如有特殊情况,需经考评员同意,方可离场。

8. 考试时间一到,考生应立即停止操作,不得以任何理由拖延考试时间,若考生提前完成任务,应经考评员同意后方可离开考场。

随堂笔记

随学随记,记下学习的重点内容,总结个人的收获,积累学习经验,养成良好的学习习惯。记录见表4.2.19。

表4.2.19　随堂笔记

学习内容	收获与体会

任务实施路径与步骤

一、任务实施路径

引导学生按照实施路径完成项目任务,并形成良好的分析思维。实施路径如图4.2.7所示。

二、任务实施步骤

1. 任务要求。了解职业技能鉴定要求。(0.1学时)

2. 识读零件图样。了解图样的加工要求,弄清要加工的表面和特征,看清基本尺寸、精度、表面质量等方面具体需要达到的要求。(0.2学时)

3. 制订加工方案。制订加工工艺和可行性加工方案,最后经比较确定出最合理的加工方案,确定出合理的工量刃具。(0.2学时)

4. 计算基点坐标。根据图样尺寸要求,并结合加工方案,确定出合理的编程原点,建立编程坐标系,利用数学计算能力,正确计算出各个基点的坐标值。(0.2学时)

5. 编制加工程序。首先根据上述加工方案的选择,确定走刀路线,结合基础篇章编程基础知识、数控铣削指令

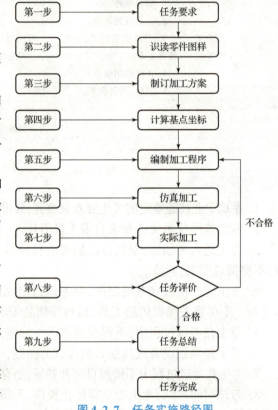

图4.2.7 任务实施路径图

应用知识,选择需要使用的指令,最后按照零件轮廓编制出数控加工程序和相关辅助程序。(1学时)

6. 仿真加工。将编制出的数控程序录入数控铣削仿真软件中,规范操作数控铣床,正确安装好毛坯、刀具,完成对刀操作,最后循环启动机床,仿真加工出模拟零件。(1.5学时)

7. 零件加工。按照数控铣床的操作规程,正确安装毛坯和刀具,录入或传入数控程序至数控机床,并进行程序检验,最后关闭数控机床防护门,单段循环,自动循环数控程序,进行零件加工,中间正确使用量具,准确检测加工精度,精确读取数值,修调磨损值,最终完成零件的加工过程。(2.5学时)

8. 任务评价。首先学生自己评价图样程序的编制代码、仿真加工路径是否合理、零件加工过程中有无违反操作规程、零件尺寸是否正确,然后学生互相评价,最后指导教师再评价并给定成绩。(0.2小时)

9. 任务总结。学生总结这次工作过程,在小组中交流,并选小组代表在全班介绍,讨

论编制程序、仿真及加工时出现的问题和解决的方法。(0.1学时)

工作任务实施

一、组织方式

每6位同学一组,1台六角桌,分配出不同角色,并确定出各自的任务。

二、工作准备

每桌配有学习手册、工作任务要求、活页教材、活页夹、计算机及切削加工手册等学习用品。

工作评价

工作评价采用学生自评+学生互评+教师评价、素质评价+能力评价、过程评价+结果评价多元评价模式,见表4.2.20。

表4.2.20　工作评价

评价内容		分值	自评(20%)	互评(20%)	教师评价(60%)	得分
工作过程	学习态度	20				
	通识知识	20				
	关键能力	20				
工作成果	成果质量	40				
合计						

课后训练

完成二维码所示零件的加工方案和工艺规程的制订,并进行程序编制。

工作过程要领

高级考核零件——双面凹凸模数控铣削编程与加工。

一、识读零件图样

正确识读如图4.2.8所示双面凹凸模零件图的组成部分。

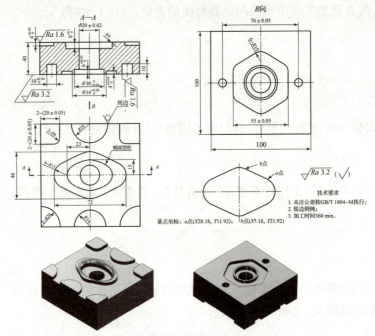

图 4.2.8　双面凹凸模

通过识读如图 4.2.8 所示双面凹凸模零件,从轮廓、尺寸精度、形位公差等方面分析可知其加工内容,见表 4.2.21。

表 4.2.21　图样分析

名称	双面凹凸模
加工表面	包括六个小凸台、一个位于中间由四段圆弧及四段直线组成的凸台、一个椭圆的型腔,并对椭圆槽上边进行倒圆角,在椭圆形体中间包括一个 $\phi(20 \pm 0.02)$ mm 通孔,在另外一面,包括一个对边尺寸为 (55 ± 0.05) mm 的六边形槽,中间有一直径为 $\phi 34^{+0.04}_{0}$ mm 圆形岛屿,岛屿中间有一个直径为 $\phi 30^{0}_{-0.04}$ mm 的圆形槽,另外包括两个直径为 $\phi 10^{+0.04}_{0}$ mm 的圆形槽
加工精度	2 个方形凸台公差为 0.1 mm;$\phi 20$ mm 通孔、$\phi 34$ 圆形岛屿、$\phi 30$ mm 圆形槽及 2 个 $\phi 10$ mm 小圆形槽,公差均为 0.04 mm;六边形槽的对边尺寸公差为 0.1 mm;小凸台及凹槽的高度尺寸公差均为 0.05 mm;椭圆槽高尺寸公差为 0.1 mm,2 个 $\phi 10$ 圆形槽的中心距为 76 mm,公差为 0.1 mm,其他均为未注公差等级
表面质量	此长方体四周及上下表面均不需要加工,2 个 $\phi 10$ mm 圆形槽的表面粗糙度为 $Ra 1.6$ μm,其他表面粗糙度均为 $Ra 3.2$ μm
技术要求	未注线性尺寸公差符合 GB/T 1804—2000 的要求,零件材料为 45 钢,加工后需去除毛刺。

二、制订加工方案

职业技能鉴定零件属于单件首次加工,因此,在数控加工时,应当尽量在一次装夹中完成多个表面的加工,在确定加工工艺过程时,采用根据装夹次数的方法来确定加工工序。双面凹凸模加工方案分析见表 4.2.22。

表 4.2.22　双面凹凸模加工方案分析

项目	分析内容
工艺分析	见表 4.2.23
刀具分析	根据图样分析，可采用 $\phi8$ mm 立铣刀完成上面多个凸台的外形加工；对于中心处通孔及椭圆型腔，可采用刀具 $\phi16$ mm 键槽铣刀进行加工，椭圆倒圆角可以采用 $SR3$ 球刀加工，下面的六方槽及 2 个小圆槽可采用 $\phi8$ mm 键槽铣刀进行粗精加工
量具分析	通过图样分析，对于精度较高的外表面，可使用精度为 0.01 mm 的外径千分尺测量；对于精度较高的内孔表面，可以采用精度为 0.01 mm 的内径千分尺测量；对于高度尺寸，可使用精度为 0.02 mm 的游标卡尺测量；表面粗糙度需使用表面粗糙度测量仪检测或样板进行比对
夹具分析	通过图样分析，此毛坯为 100 mm×100 mm×40 mm 长方体，因此选用平口钳进行装夹，在保证加工有效高度的前提下，夹持尽可能长的长度，并在下面垫等高垫铁，以保证零件的加工刚性

表 4.2.23　双面凹凸模工艺分析

零件名称	双面凹凸模	数控加工工艺过程卡	毛坯种类	锻件	共 1 页
			材料	45 钢	第 1 页
工序号	工序名称	工序内容	设备	工艺装备	
10	备料	备料 100 mm×100 mm×40mm，材料为 45 钢			
20	数控铣	粗精加工上面多个凸台	VMC850	平口钳	
		粗精加工椭圆型腔			
		粗精加工椭圆倒圆角			
		粗精加工中心处通孔			
30	数控铣	翻面装夹找正	VMC850	平口钳	
		粗精加工六边形槽			
		粗精加工圆形岛屿			
		粗精加工圆形槽			
		粗精加工两个小圆槽			
40	钳工	锐边倒钝，去毛刺	钳台	台虎钳	
50	清洗	用清洗剂清洗零件			
60	检验	按图样尺寸检测			
编制		日期	审核	日期	

三、计算基点坐标

(一)编程原点

工序 20：选取工件上面的中心点 $O_{上}$ 为编程原点。

工序 30：选取工件下面的中心点 $O_{下}$ 为编程原点。

（二）基点坐标

根据双面凹凸模零件图，找出各个基点，再根据各工序确定出对应基点坐标值。

工序20：选取工件上面中心为编程原点，上面各基点位置如图4.2.9所示。

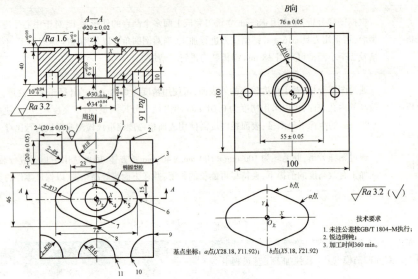

图4.2.9　上面基点坐标图

工序20：由图4.2.9可知工件上面中心为编程原点，主要加工多个凸台、一个椭圆型腔并倒圆角及一个通孔。主要基点相对于上面中心点坐标值见表4.2.24。

表4.2.24　上面基点坐标值

名称	X 坐标	Y 坐标	Z 坐标
编程原点 $O_上$	$X0$	$Y0$	$Z0$
基点1	$X18$	$Y50$	$Z-4$
基点2	$X30$	$Y50$	$Z-4$
基点3	$X50$	$Y30$	$Z-4$
基点4	$X10$	$Y0$	$Z-34$
基点5	$X23$	$Y0$	$Z-8$
基点6	$X36$	$Y0$	$Z-4$
基点7	$X0$	$Y-15$	$Z-8$
基点8	$X0$	$Y-23$	$Z-4$
基点9	$X50$	$Y-30$	$Z-4$
基点10	$X30$	$Y-50$	$Z-4$
基点11	$X16$	$Y-50$	$Z-4$

工序30：选取工件下面中心为编程原点，下面各基点位置如图4.2.10所示。

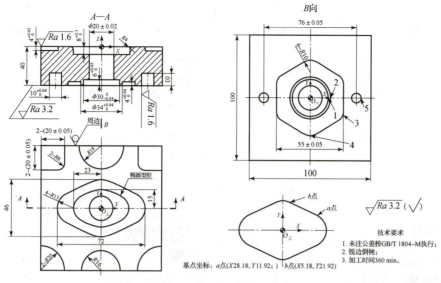

图 4.2.10　下面基点坐标图

工序 30：由图 4.2.10 可知工件下面中心为编程原点，主要加工多个凹槽、一个六边形型腔、一个圆柱岛屿、一个圆形槽、两个小圆槽，主要基点相对于下面中心点坐标值见表 4.2.25。

表 4.2.25　下面基点坐标值

名称	X 坐标	Y 坐标	Z 坐标
编程原点 $O_下$	$X0$	$Y0$	$Z0$
基点 1	$X15$	$Y0$	$Z-6$
基点 2	$X17$	$Y0$	$Z-4$
基点 3	$X27.5$	$Y-15.88$	$Z-4$
基点 4	$X0$	$Y-31.75$	$Z-4$
基点 5	$X43$	$Y0$	$Z-10$

四、编制加工程序

工序 20：加工上面轮廓。

加工上面轮廓的数控加工程序见表 4.2.26。

表 4.2.26　上面轮廓程序

加工程序		程序知识点	
零件名称	双面凹凸模	加工轮廓	加工 2 - $R20$ 凸台
O5100		加工 2 - $R20$ 凸台程序名	
G54 G90 G00 X0 Y0 Z100		建立 G54 工件坐标系	

零件名称	双面凹凸模	加工轮廓	加工 2 – $R20$ 凸台
G99		设置每转进给量	
M03 S500		主轴正转,500 r/min	
Z50		移动刀具	
Y – 70		移动刀具	
Z5		移动刀具	
D08 M98 P501		调用 2 – $R20$ 凸台子程序	
G51.1 X0		Y 轴镜像	
D08 M98 P501		调用 2 – $R20$ 凸台子程序	
G50.1		取消镜像	
G00 Z100 M05		抬刀至 $Z100$ 处,主轴停止	
M30		程序结束	
O501		2 – $R20$ 凸台子程序名	
G41 G01 X30 Y – 70 F0.2		建立刀具左补偿	
G01 Z – 4 F0.1		刀具降至凸台深度 $Z – 4$	
Y – 50		移动刀具	
G02 X50 Y – 30 R20		加工圆弧边	
G01 X70		移动刀具	
G40 G00 X70 Y – 70		取消刀具补偿	
Z5		刀具提起至 $Z5$	
M99		子程序结束	
零件名称	双面凹凸模	加工轮廓	加工 2 – (20 ± 0.05) mm 凸台
O5000		加工 2 – (20 ± 0.05) mm 凸台程序名	
G54 G90 G00 X0 Y0 Z100		建立 G54 工件坐标系	
G99		设置每转进给量	
M03 S500		主轴正转,500 r/min	
Z50		移动刀具	
X70		移动刀具	
Z5		移动刀具	
D08 M98 P510		调用 2 – (20 ± 0.05) mm 凸台子程序	
G51.1 X0		Y 轴镜像	
D08 M98 P510		调用 2 – (20 ± 0.05) mm 凸台子程序	

零件名称	双面凹凸模	加工轮廓	加工 2 − (20 ± 0.05) mm 凸台
G50.1		取消镜像	
G00 Z100 M05		抬刀至 Z100 处,主轴停止	
M30		程序结束	
O510		2 − R20 mm 凸台子程序名	
G41 G01 X70 Y30 F0.2		建立刀具左补偿	
G01 Z − 4 F0.1		刀具降至凸台深度 Z − 4	
X38		加工直线边	
G02 X30 Y38 R8		加工圆弧边	
G01 Y70		加工直线边	
G40 G00 X70 Y70		取消刀具补偿	
Z5		刀具提起至 Z5	
M99		子程序结束	

零件名称	双面凹凸模	加工轮廓	加工 R18 mm 凸台
O5003		加工 R18 mm 凸台程序名	
G54 G90 G00 X0 Y0 Z100		建立 G54 工件坐标系	
G99		设置每转进给量	
M03 S500		主轴正转,500 r/min	
Z50		移动刀具	
Y60		移动刀具	
Z5		移动刀具	
D08 M98 P503		调用 R18 mm 凸台子程序	
G00 Z100 M05		刀具抬刀至 Z100,主轴停止	
M30		程序结束	
O503		R18 mm 凸台子程序名	
G41 G01 X18 Y60 F0.2		建立刀具左补偿	
G01 Z − 4 F0.1		刀具降至凸台深度 Z − 4	
G01 Y50		移动刀具	
G02 X − 18 R18		加工圆弧面	
G01 Y60		移动刀具	
G40 G00 X0 Y60		取消刀具补偿	
Z5		刀具提起至 Z5	
M99		子程序结束	

零件名称	双面凹凸模	加工轮廓	加工 R16 凸台
O5004		加工 R16 mm 凸台程序名	
G54 G90 G00 X0 Y0 Z100		建立 G54 工件坐标系	
G99		设置每转进给量	
M03 S500		主轴正转,500 r/min	
Z50		移动刀具	
Y – 60		移动刀具	
Z5		移动刀具	
D08 M98 P504		调用 R16 mm 凸台子程序	
G00 Z100 M05		刀具抬刀至 Z100,主轴停止	
M30		程序结束	
O504		R16 mm 凸台子程序名	
G41 G01 X – 16 Y – 60 F0. 2		建立刀具左补偿	
G01 Z – 4 F0. 1		刀具降至凸台深度 Z – 4	
G01 Y – 50		移动刀具	
G02 X16 R16		加工圆弧面	
G01 Y – 60		移动刀具	
G40 G00 X0 Y – 60		取消刀具补偿	
Z5		刀具提起至 Z5	
M99		子程序结束	
零件名称	双面凹凸模	加工轮廓	加工形体中心凸台
O5002		加工形体中心凸台程序名	
G54 G90 G00 X0 Y0 Z100		建立 G54 工件坐标系	
G99		设置每转进给量	
M03 S500		主轴正转,500 r/min	
Z50		移动刀具	
X60		移动刀具	
Z5		移动刀具	
D08 M98 P502		调用形体中心凸台子程序	
G00 Z100 M05		刀具抬刀至 Z100,主轴停止	
M30		程序结束	
O502		形体中心凸台子程序名	

学习笔记

零件名称	双面凹凸模	加工轮廓	加工形体中心凸台
G01 Z - 4 F0. 1		刀具降至凸台深度 $Z-4$	
G41 G01 X60 Y24 F0. 2		建立刀具左补偿	
G03 X36 Y0 R24		圆弧切入凸台	
G02 X28. 18 Y - 5. 18 R15		加工 $R15$ mm 圆弧面	
G01 X5. 18 Y - 21. 92		加工直线边	
G02 X - 5. 18 R15		加工 $R15$ mm 圆弧面	
G01 X - 28. 18 Y - 11. 92		加工直线边	
G02 Y11. 92 R15		加工 $R15$ mm 圆弧面	
G01 X - 5. 18 Y21. 92		加工直线边	
G02 X5. 18 Y21. 92 R15		加工 $R15$ mm 圆弧面	
G01 X28. 18 Y11. 92		加工直线边	
G02 X36 Y0 R15		加工 $R15$ mm 圆弧面	
G03 X60 Y - 24 R24		圆弧切出	
G40 G00 X60 Y0		取消刀补	
Z5		刀具提起至 $Z5$	
M99		子程序结束	
零件名称	双面凹凸模	加工轮廓	加工椭圆型腔
O6000		加工椭圆型腔程序名	
G54 G90 G00 X0 Y0 Z50		建立 G54 工件坐标系	
G99		设置每转进给量	
M03 S500		主轴正转,500 r/min	
Z20		移动刀具	
Z5		移动刀具	
D05 M98 P600		调用椭圆型腔子程序	
G00 Z50 M05		刀具抬刀至 Z100,主轴停止	
M30		程序结束	
O0600		椭圆型腔子程序名	
G01 Z - 8 F0. 1		刀具降至型腔深度 $Z-8$	
#1 = 0		椭圆角度参数赋值	
#2 = 23 * COS[#1]		椭圆 X 向数值	
#3 = 15 * SIN[#1]		椭圆 Y 向数值	

零件名称	双面凹凸模	加工轮廓	加工椭圆型腔
WHILE[#1LE360]DO1		椭圆角度参数条件语句	
G41 G01 X[#2] Y[#3] F0. 1		建立刀具左补偿	
#1 = #1 + 10		角度参数变化量	
#2 = 23 * COS[#1]		椭圆 X 向数值	
#3 = 15 * SIN[#1]		椭圆 Y 向数值	
END1		循环结束	
G40 G01 X0 Y0		取消刀补	
M99		子程序结束	

零件名称	双面凹凸模	加工轮廓	加工椭圆倒圆角
O9876		加工椭圆倒圆角程序名	
G54 G90 G00 X0 Y0 Z50		建立 G54 工件坐标系	
G99		设置每转进给量	
M03 S500		主轴正转,500 r/min	
Z20		移动刀具	
Z5		移动刀具	
D07 M98 P9875		调用椭圆倒圆角子程序	
G00 Z100 M05		刀具抬刀至 Z100,主轴停止	
M30		程序结束	
O9875		椭圆倒圆角子程序名	
#1 = 90		倒圆角角度参数赋值	
#2 = 7 * SIN[#1] − 7		倒圆角高度值变量	
#3 = 7 * COS[#1] + 27		椭圆长半轴变量	
#4 = 7 * COS[#1] + 19		椭圆短半轴变量	
WHILE[#1LE180]DO1		倒圆角角度变化条件	
G01Z[#2]F0. 05		刀具高度移动	
#5 = 0		椭圆角度参数赋值	
#6 = #3 * COS[#5]		椭圆 X 向数值	
#7 = #4 * SIN[#5]		椭圆 Y 向数值	
WHILE[#5LE360]DO2		椭圆角度参数条件语句	
G41 G01 X[#6] Y[#7] F0. 1		建立刀具左补偿	
#5 = #5 + 10		角度参数变化量	

零件名称	双面凹凸模	加工轮廓	加工椭圆倒圆角
#6 = #3 * COS[#5]		椭圆 X 向数值	
#7 = #4 * SIN[#5]		椭圆 Y 向数值	
END2		椭圆循环结束	
G40 G01 X0 Y0		取消刀补	
#1 = #1 + 10		倒圆角参数变化量	
#2 = 7 * SIN[#1] - 7		倒圆角高度值变量	
#3 = 7 * COS[#1] + 27		椭圆长半轴变量	
#4 = 7 * COS[#1] + 19		椭圆短半轴变量	
END1		倒圆角循环结束	
M99		子程序结束	

工序 30：加工下面轮廓。

加工下面轮廓的数控加工程序见表 4.2.27。

表 4.2.27　下面轮廓程序

加工程序		程序知识点	
零件名称	双面凹凸模	加工轮廓	加工六边环形槽
O5006		加工六边环形槽程序名	
G54 G90 G00 X0 Y0 Z100		建立 G54 工件坐标系	
G99		设置每转进给量	
M03 S500		主轴正转,500 r/min	
Z50		移动刀具	
Z5		移动刀具	
D08 M98 P506		调用六边形槽子程序	
D08 M98 P507		调用圆形岛屿子程序	
G00 Z100 M05		抬刀至 Z100 处,主轴停止	
M30		程序结束	
O506		六边形槽子程序名	
G01 X22 Y0 F0.2		移动刀具	
G01 Z - 4 F0.1		刀具降至槽底深度 Z - 4	
G42 G01 X27.5 Y0 F0.1		建立刀具右补偿	
G01 Y - 15.88,R10		加工六边槽	
G01 X0 Y - 31.75,R10		加工六边槽	

零件名称	双面凹凸模	加工轮廓	加工六边环形槽
G01 X - 27.5 Y - 15.88,R10		加工六边槽	
G01 Y15.88,R10		加工六边槽	
G01 X0 Y31.75,R10		加工六边槽	
G01 X27.5 Y15.88,R10		加工六边槽	
G01 Y0		加工六边槽	
G40 G01 X22 Y0		取消刀补	
Z5		刀具提起至 Z5	
M99		子程序结束	
O507		圆形岛屿子程序名	
G01 Z - 4 F0.1		刀具降至岛屿深度 $Z-4$	
G41 G01 X17 Y0 F0.1		建立刀具左补偿	
G02I - 17		加工圆形岛屿	
G40 G01 X22 Y0		取消刀补	
Z5		刀具提起至 Z5	
M99		子程序结束	
零件名称	双面凹凸模	加工轮廓	加工 $\phi30$ mm 圆形槽
O5008		加工 $\phi30$ mm 圆形槽程序名	
G54 G90 G00 X0 Y0 Z100		建立 G54 工件坐标系	
G99		设置每转进给量	
M03 S500		主轴正转,500 r/min	
Z50		移动刀具	
Z5		移动刀具	
D05 M98 P508		调用 $\phi30$ mm 圆形槽程序	
G00 Z100 M05		抬刀至 Z100 处,主轴停止	
M30		程序结束	
O508		$\phi30$ mm 圆形槽程序名	
G01 Z - 6 F0.1		刀具降至圆槽底部深度 $Z-4$	
G41 G01 X15 Y0 F0.1		建立刀具左补偿	
G03I - 15		加工圆槽	
G40 G01 X0 Y0		取消刀补	
Z5		刀具提起至 Z5	
M99		子程序结束	

零件名称	双面凹凸模	加工轮廓	加工 2 - ϕ10 mm 圆形槽
O5009		加工 2 - ϕ10 mm 圆形槽程序名	
G54 G90 G00 X0 Y0 Z100		建立 G54 工件坐标系	
G99		设置每转进给量	
M03 S500		主轴正转, 500 r/min	
Z50		移动刀具	
Z5		移动刀具	
D08 M98 P509		调用 2 - ϕ10 mm 圆形槽子程序	
G51.1 X0		建立 Y 轴镜像	
D08 M98 P509		调用 2 - ϕ10 mm 圆形槽子程序	
G50.1		取消镜像	
G00 Z100 M05		抬刀至 Z100 处, 主轴停止	
M30		程序结束	
O509		2 - ϕ10 mm 圆形槽子程序名	
G00 X38 Y0		移动刀具	
G01 Z - 10 F0.1		刀具降至槽底深度 Z - 10	
G41 G01 X43 Y0 F0.1		建立刀具左补偿	
G03 I - 5		加工圆弧面	
G40 G01 X38 Y0		取消刀具补偿	
Z5		刀具提起至 Z5	
M99		子程序结束	

五、仿真加工

(一)准备工作

打开仿真软件,设置毛坯,安装刀具,传入数控加工程序。

(二)自动运行程序

关闭机床防护门,设置机床显示状态,以便于观察加工过程,最后单击"循环启动"按钮开始仿真加工。

(三)仿真零件检测

①观察仿真加工过程,检查刀具路径是否存在碰撞。

②检测仿真零件尺寸,结合程序数据,检查程序数值是否存在错误,或者判断对刀是否正确。

六、零件加工

严格遵守数控机床的操作规程,按照前面的分析过程,加工双面凹凸模零件。

七、零件检测

零件检测评分表见表4.2.28。

表 4.2.28 高级数控铣工操作技能考核评分记录

班级:_____ 身份证号:_____ 考生姓名:_____

题号	一	二	合计
成绩			

一、加工数据

序号	考核内容	考核要求	评分标准	配分	扣分	得分
1	工艺参数	工艺不合理,酌情扣分。 1. 定位和夹紧不合理。 2. 加工顺序不合理。 3. 刀具选择不合理。 4. 关键工序错误	每违反一条,酌情扣1分。扣完5分为止	5		
2	程序编制	1. 指令运用合理,程序完整。 2. 运用刀补合理准确。 3. 数值计算正确,程序编制有一定技巧,简化计算和加工程序	每违反一条,酌情扣1~5分。扣完20分为止	20		
3	数控车床规范操作	1. 开机前检查和开机顺序正确。 2. 开机后回参考点。 3. 正确对刀,建立工件坐标系。 4. 正确设置各种参数。 5. 正确仿真校验	每违反一条,酌情扣1~2分。扣完10分为止	10		

备注	合计	35
	考评员签字	年 月 日

二、加工精度

序号	主要内容	考核要求	评分标准	配分	扣分	得分
1	孔系	$\phi(20 \pm 0.2)$ mm	超差 0.01 扣 2 分	3		
		$2-\phi 10H7$	超差 0.01 扣 2 分	5		
		$\phi 30_{-0.04}^{\ 0}$ mm	超差 0.01 扣 2 分	5		
		$\phi 30$ mm 孔深 6 mm	超差不得分	3		
		铰孔深 12 mm	超差不得分	2		
		孔距(76 ± 0.05) mm	超差 0.01 扣 2 分	3		

学习笔记

			二、加工精度				
序号	主要内容	考核要求		评分标准	配分	扣分	得分
2	外形	$2-(33\pm0.1)$ mm		超差 0.01 扣 2 分	2		
		$2-(20\pm0.05)$ mm		超差 0.01 扣 2 分	3		
		$\phi34_{0}^{+0.04}$ mm		超差 0.01 扣 2 分	3		
		(61 ± 0.1) mm		超差 0.01 扣 2 分	2		
		$2-R20$ mm		超差不得分	1		
		深 $4_{0}^{+0.05}$ mm		超差 0.01 扣 2 分	4		
3	内腔	$46_{0}^{+0.03}$ mm		超差 0.01 扣 2 分	5		
		(30 ± 0.025) mm		超差 0.01 扣 2 分	4		
		(55 ± 0.05) mm		超差 0.01 扣 2 分	4		
		深 $4_{0}^{+0.05}$ mm		超差 0.01 扣 2 分	4		
		深 $8_{0}^{+0.1}$ mm		超差 0.01 扣 2 分	3		
		$6-R10$ mm		超差不得分	1		
		$Ra1.6$ μm		超差不得分	3		
4	安全文明生产	1. 着装规范。 2. 工具放置正确。 3. 刀具安装规范,工件装夹正确。 4. 正确使用量具。 5. 卫生、设备保养		每违反一条,酌情扣 1 分。扣完为止	5		
备注			合计		65		
			考评员签字		年　月　日		

考生须知

1. 参加职业技能鉴定的考生要衣装整齐,要准备好两证(准考证、身份证)以备核查。

2. 考生按照技术文件要求自带工量刃具。

3. 考生进入考场后,根据自己抽得的机位号在现场工作人员的指导下,确定考试工位,不得擅自变更、调整。

4. 考生应严格遵守考场纪律,除考试指定用品外,严禁携带规定以外的其他物品进入考场。不得将考场提供的工具、材料等物品带出考场。

5. 考生在考试过程中,不得在规定以外的地方留下个人相关信息。

6. 考生如遇到设备或其他影响考试的问题,应及时举手示意,等待考评员过来处理。

7. 考生在考试过程中不得擅自离开赛场,如有特殊情况,需经考评员同意,方可离场。

8. 考试时间一到,考生应立即停止操作,不得以任何理由拖延考试时间,若考生提前完成任务,应经考评员同意后方可离开考场。

随堂笔记

随学随记,记下学习的重点内容,总结个人的收获,积累学习经验,养成良好的学习习惯。记录见表4.2.29。

表4.2.29 随堂笔记

学习内容	收获与体会

工作任务实施

一、组织方式

每6位同学一组,1台六角桌,分配出不同角色,并确定出各自的任务。

二、工作准备

每桌配有学习手册、工作任务要求、活页教材、活页夹、计算机及切削加工手册等学习用品。

任务实施路径与步骤

一、任务实施路径

引导学生按照实施路径完成项目任务,并形成良好的分析思维。实施路径如图4.2.11所示。

二、任务实施步骤

1. 任务要求。了解职业技能鉴定要求。(0.1学时)

2. 识读零件图样。了解图样的加工要求,弄清要加工的表面和特征,看清基本尺寸、精度、表面质量等方面具体需要达到的要求。(0.2学时)

3. 制订加工方案。制订加工工艺和可行性加工方案,最后经比较确定出最合理的加工方案,确定出合理的工量刃具。(0.4学时)

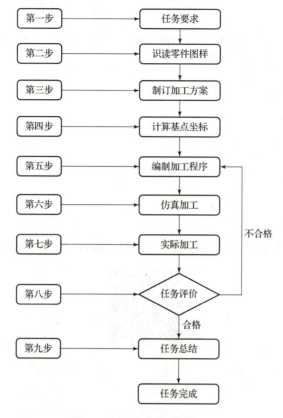

图 4.2.11　任务实施路径图

4. 计算基点坐标。根据图样尺寸要求,并结合加工方案,确定出合理的编程原点,建立编程坐标系,利用数学计算能力正确计算出各个基点的坐标值。

5. 编制加工程序。首先根据上述加工方案的选择,确定走刀路线,结合基础篇章编程基础知识、数控铣削指令应用知识,选择需要使用的指令,最后按照零件轮廓编制出数控加工程序和相关辅助程序。(1 学时)

6. 仿真加工。将编制出的数控程序,录入数控铣削仿真软件中,规范操作数控铣床,正确安装好毛坯、刀具,完成对刀操作,最后循环启动机床,仿真加工出模拟零件。

7. 任务评价。首先学生自己评价图样程序的编制代码、仿真加工路径、仿真加工过程中有无违反操作规程、模拟零件尺寸是否正确,然后学生互相评价,最后指导教师再评价并给定成绩。(0.2 小时)

8. 任务总结。学生总结这次工作过程,在小组中交流,并选小组代表在全班介绍,讨论编制程序及仿真加工时出现的问题和解决的方法。(0.1 学时)

工作评价

工作评价采用学生自评 + 学生互评 + 教师评价、素质评价 + 能力评价、过程评价 + 结果评价多元评价模式,见表4.2.30。

表 4.2.30　工作评价

评价内容		分值	自评(20%)	互评(20%)	教师评价(60%)	得分
工作过程	学习态度	20				
	通识知识	20				
	关键能力	20				
工作成果	成果质量	40				
合计						

完成二维码所示零件的加工方案和工艺规程的制订,并进行程序编制。

项目三　多轴编程与加工

任务 1　多轴编程基础

教学目标

1. 素质目标:使学生具有正确的社会主义核心价值观和道德法律意识,具有精益求精、追求卓越的工匠精神和严谨细致、踏实肯干的工作作风,具有全局观念和良好的团队协作精神、协调能力、组织能力和管理能力。

2. 知识目标:能够正确分析加工数模,理解加工要求。正确掌握多轴加工矢量设置、刀轴设置和驱动设置的重要内容。制订科学、合理的数控加工工艺规程以及加工路线;确定合理的刀具、量具及夹具。

3. 能力目标:使学生具备多轴零件数控编程与加工的能力,能够利用所选软件进行简单的数模处理,合理设置加工工艺参数、加工参数(切削参数和非切削参数)设置,能够生成高效、准确、优化的加工轨迹。正确使用工、卡、量具,熟练加工程序仿真,快速、精确地加工出零件。

工作任务要求

学生以完成企业多轴零件加工的主要任务为目的,通过学习多轴加工编程基础知识,了解多轴加工的方法和操作步骤,掌握 NX 软件编程过程的参数设置和加工轨迹的生成方法。学会制订合理的多轴加工工艺方案,选择合理的刀具和夹具等,通过后置处理输出符合数控系统要求的加工程序。最终通过仿真软件对程序进行校验,完成零件的编程任务。

工作过程要领

一、多轴机床概述

(一)五轴机床的定义

在一台数控机床上有 5 个坐标,分别为三个直线坐标和两个旋转坐标。如图 4.3.1 所示,各坐标轴定义如下:直线坐标分为 X 轴、Y 轴、Z 轴;旋转坐标分为 A 轴、B 轴、C 轴。

其中,绕 X 轴旋转为 A 轴;绕 Y 轴旋转为 B 轴;绕 Z 轴旋转为 C 轴。

(二)五轴机床的结构

五轴机床按旋转主轴和直线运动的关系来判定,五轴联动的结构形式如下:

1. 双旋转工作台式

在 B 轴摆台上叠加一个 C 轴的旋转台,刀轴方向不动,两个旋转轴均在工作台上;工件加工时随工作台旋转。如图4.3.2所示。

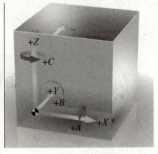

图4.3.1 坐标轴

2. 摆台-转轴式

两个旋转轴分别放在主轴和工作台上。优点:工作台旋转不摆动,可装夹较大的工件;主轴摆动,可灵活改变刀轴方向。如图4.3.3所示。

3. 双摆头式

工作台不动,两个旋转轴均在主轴上。工作台大,适合大型工件加工,一般为龙门式,如图4.3.4所示。

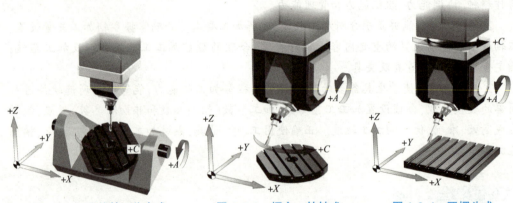

图4.3.2 双旋转工作台式　　　　图4.3.3 摆台-转轴式　　　　图4.3.4 双摆头式

(三)五轴加工优势

①可以完成三轴无法加工的复杂型面,如图4.3.5所示。

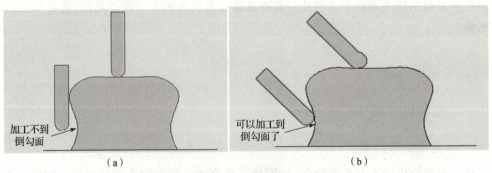

加工不到倒勾面

可以加工到倒勾面了

（a）　　　　　　　　　　　（b）

图4.3.5 倒扣零件加工

(a)三轴加工的情况;(b)五轴加工的情况

②可以一次装夹,完成三轴加工需多次装夹才能完成的加工内容,如箱体类零件加工,如图4.3.6所示。

③避免刀尖零速度($v_c=0$)切削,进而提高零件的表面质量,如图4.3.7所示。

图4.3.6　多方位零件加工　　　　　　图4.3.7　避免零速度切削示意图

④用更短的刀具加工陡峭侧面,提高加工的表面质量和效率,如图4.3.8所示。

⑤利用刀具侧刃完成斜平面的加工,进而提高加工表面质量和加工效率,如图4.3.9所示。

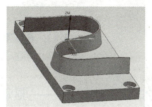

图4.3.8　陡峭侧面加工　　　　　　图4.3.9　斜平面加工

⑥五轴加工和高速加工结合,使模具加工逐步告别放电加工,并改变模具的零部件和制造工艺,大大缩短了模具制造周期,如图4.3.10所示。

图4.3.10　细窄槽加工

(四)五轴机床的工作原理

一台机床上至少有五个坐标轴(三个线性坐标和两个旋转坐标),而且可在数控系统控制下同时协调运动进行加工。

加工工件时,工作台或主轴头除了可以移动以外,还能转动,通过数控系统实现三个移动轴+两个转动轴联合运动。完成复杂零件的加工。

(五)RTCP功能介绍

定义:RTCP(rotary tool center point,刀尖跟随)功能是指刀轴旋转后为保持刀尖位置不变,机床自动计算并执行线性轴补偿。

一套数控系统是不是真正的五轴系统,首先要看是否具有 RTCP 功能。具有 RTCP 功能,数控系统会保持刀具中心始终在被编程的 *XYZ* 位置上,可以直接编程刀具中心的轨迹,而无须考虑转轴中心。非 RTPC 功能,必须知道刀具中心与旋转主轴头中心的距离,以保证刀具中心处于所期望的位置,工件的任何位置变化都要重新修改程序,如图4.3.11 所示。

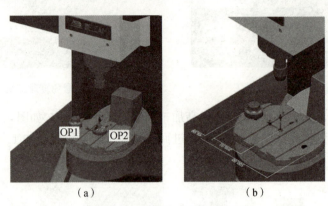

图 4.3.11 RTCP 功能示意图
(a)没有 RTCP 功能;(b)有 RTCP 功能

二、NX 多轴铣加工基础知识——驱动方法

本项目以目前多轴加工比较常用的软件 NX10.0 为例进行讲解。

曲面加工是一个复杂的加工模式,生成好的刀路是需要多个控制方法相配合的,也就是需要对驱动方法、刀轴方向和投影矢量进行相应的控制。这也是我们研究的重点。下面将逐一对以上三种方法进行详细的讲解。

(一)驱动方法的介绍

UG 中的驱动方法主要用来控制或限定刀路产生的矢量方向和刀路按照指定的规律产生。从而产生驱动刀路。驱动刀路再经过矢量投影,将刀路投影到部件上,产生最终的加工刀路。

(二)刀轨创建

第 1 步:从驱动几何体上产生驱动点和驱动刀路。

第 2 步:将驱动点(驱动刀路)沿投射方向投射到零件几何体上,产生刀具路径,刀具跟随刀具路径进行加工。

(三)UG 曲面加工的驱动方法

①驱动方法用于定义创建刀轨所需的驱动点。也可以说是用于产生刀位点的辅助几何体。

②驱动几何体一般利用加工部件本身的某个几何特征体或单独制作的辅助几何体的形式出现。加工复杂的曲面零件时,可以先在简单的驱动几何体上创建刀位点,然后将刀位点按照指定的投影方向投影到部件上,这样可以将复杂的曲面零件通过驱动几何

体得以简化,从而提高编程效率和质量。

③常用的几何体驱动方法的详细讲解和各参数设置见表4.3.1。

表4.3.1　常用的几何体驱动方法

驱动方法	功能
曲线/点	通过曲线或点的方式创建刀轨
螺旋式	通过设置螺旋半径、螺旋原点、步距方式创建刀轨
边界	通过指定驱动几何体边界线的方式创建刀轨
流线	通过拾取曲面 U、V 两个方向的边界创建流线刀轨
曲面	通过拾取部件曲面或部件外曲面来创建刀轨
刀轨	以刀轨本身作为驱动体来创建新的刀轨
径向切削	刀轨沿着零件的直线方向进行生成刀轨
外形轮廓铣	沿着零件轮廓表面进行铣削,适用于精加工内外直纹面的轮廓表面

④驱动方法设置界面如图4.3.12所示。

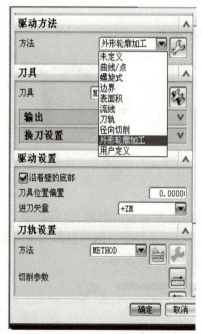

图4.3.12　驱动方法设置

(四)驱动方法的应用

1. 曲线/点驱动

曲线:通过指定特征曲线或点来产生驱动刀路,再根据驱动刀路生成轨迹。主要用于 3D 刻字、3D 流道、沟槽加工、曲面雕刻等加工场合。具体操作界面如图4.3.13所示。

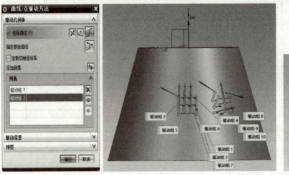

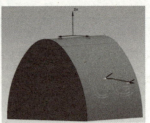

图 4.3.13　曲线/点驱动

2. 螺旋式驱动

能保持单向连续切削,避免机床急剧反向走刀,主要用于高速切削(需要指定部件),如图 4.3.14 所示。

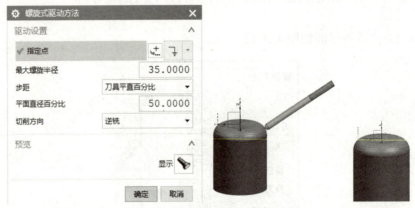

图 4.3.14　螺旋式驱动方法

3. 边界驱动

直接通过拾取部件表面的边界来输出刀路,也可以手工绘制封闭轮廓作为边界,不需要做辅助驱动面,但边界修剪受到投影平面和投影矢量限制(需要指定部件)。投影矢量决定边界刀路的位置。如图 4.3.15 所示。

图 4.3.15　边界驱动方法

4. 曲面驱动

通过给定曲面生成驱动刀路(可以不用部件)。其拥有最多的刀轴控制方式。曲面的质量很重要,其决定刀路的质量。曲面驱动时,对曲面的要求很高,多个曲面之间要求相切连接,而且 UV 网格面要一致,UV 网格决定走刀路线,如图 4.3.16 所示。

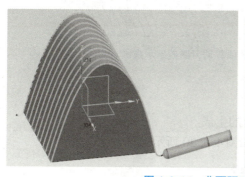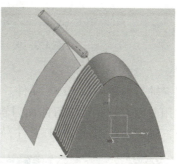

图 4.3.16 曲面驱动示意图

(a)自身曲面作为驱动面轨迹示意图;(b)外部曲面作为驱动面接触点示意图

5. 流线驱动

通过指定流曲线与交叉曲线所组成的区域生成刀路,对曲面的质量没有要求,比较常用(可以不指定部件)。流线驱动需要拾取流曲线和交叉曲线,但是也可以只拾取流曲线,而不用拾取交叉曲线,这主要根据曲面的具体加工部位来决定。拾取过程中要成对拾取,同方向的两条相对的曲线要通过添加新集来拾取,如图 4.3.17 所示。

交叉曲线定义刀路的形状,流曲线用于定义刀路的边界,如图 4.3.18 所示。

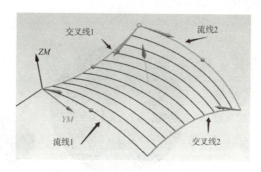

图 4.3.17 流线驱动   **图 4.3.18 流曲线和交叉曲线示意图**

流线驱动刀路效果图如图 4.3.19 所示。

6. 刀轨驱动

定义:将已经生成的三轴刀轨转换为曲面刀轨,实现三轴转曲面加工。

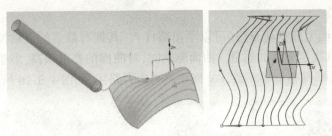

图 4.3.19　流线驱动刀路效果示意图

步骤：

①将三轴刀轨输出成 CLSF 文件。

②利用曲面刀轨驱动进行曲面刀轨的生成。

③将三轴刀轨输出成 CLSF 文件，如图 4.3.20 所示。

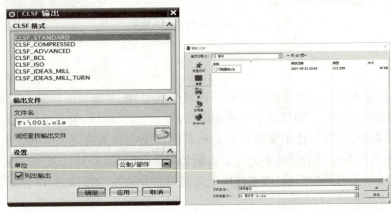

图 4.3.20　刀轨输出与导入

7. 径向切削驱动

径向切削驱动沿着零件的径向生成刀轨。

按照圆形的径向方向产生驱动刀轨，然后再投影到被加工部件表面，如图 4.3.21 所示。

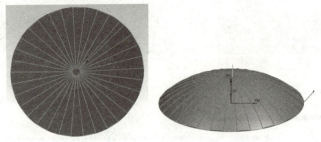

图 4.3.21　径向切削驱动刀轨

8. 外形轮廓铣驱动

外形轮廓铣驱动沿着零件轮廓表面进行铣削，适用于精加工内外直纹面的轮廓表面。按照内外轮廓表面走向和斜度，生成三轴或曲面加工刀路。如图 4.3.22 所示。

五轴加工中的驱动方法是生成加工轨迹的关键，也是简化五轴编程的重要方法，必须根据具体零件的形状和特点合理选择驱动几何体，生成驱动刀路。

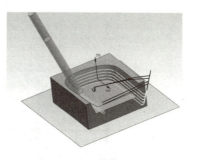

图 4.3.22　外形轮廓铣驱动

三、NX 多轴铣加工基础知识——投影矢量

根据不同的驱动体可以获得不同的驱动轨迹。驱动轨迹并不等同于加工轨迹，那么如何将驱动轨迹投影到部件上，形成真正的刀具轨迹呢？下面重点讲解此部分内容。

(一)投影矢量的基本概念

将没有指定部件之前的通过各种驱动方法直接获得的刀路(由于没有指定部件，所以刀路只针对驱动体进行切削)按照指定的驱动方式附着到部件上，从而获得新的对部件进行切削的刀路。

(二)驱动刀路和加工刀路的区别

驱动刀路是通过驱动体生成的刀路轨迹，是刀位点按照给定的方向串联在一起的轨迹，是生成加工刀路的基础，如图 4.3.23 所示。

加工刀路是通过投影矢量，将驱动刀路投影到部件几何体上，从而生成的用于后处理生成加工程序用的刀路，如图 4.3.24 所示。

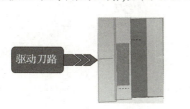

图 4.3.23　驱动刀路

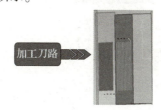

图 4.3.24　部件加工刀路

生成加工刀路的基础是投影矢量，如果没有指定部件，投影矢量是没有意义的，只生成驱动刀路。

(三)常用投影矢量控制方式

1. 远离与朝向的概念

(1)远离直线

概念：部件刀路从远离体(直线体)发射出来，通过驱动刀路或驱动体附着在部件的近端。类似于放映电影的效果，光源就是远离体，照射到驱动体刀路后，投影到部件体上，如图 4.3.25 所示。

温馨提示："远离直线"作为投影矢量时，从部件表面到矢量焦点或聚焦线的最小距离必须大于刀具的半径。

(2)朝向直线

概念：刀路通过驱动体附着在部件的远端并聚焦于直线(朝向体)。类似于"吸心大法"的效果，将驱动体上的刀路沿着朝向体的方向，投影到部件体上，如图 4.3.26 所示。

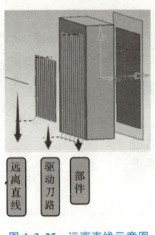

图 4.3.25　远离直线示意图

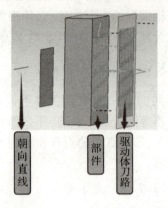

图 4.3.26　朝向直线示意图

思考:使用这两种不同的投影方式,驱动刀路和加工刀路有什么样变化?

2. 沿刀轴投影

概念:所使用的投影方式,与"刀轴"里面的各参数设置的方向一致,如图 4.3.27 所示。

刀轨正对着驱动体,按照刀轴方向投影到部件上,并且刀轨大小不变,如图 4.3.28 所示。

图 4.3.27　沿刀轴投影设置

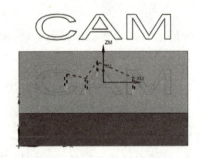

图 4.3.28　沿刀轴方向投影示意图

思考:为什么使用沿刀轴的投影方式时,刀轨大小没有比例变化?

四、NX 多轴铣加工基础知识——刀轴控制

(一)刀轴矢量

从刀尖方向指向刀具夹持器方向的矢量,如图 4.3.29 所示。

1. 远离点

通过指定一个聚焦点来定义刀轴矢量,刀轴矢量以聚焦点为起点指向刀柄,其聚焦点必须位于刀具和零件几何体的另一侧,如图4.3.30所示。无论刀具移动到何处,刀尖永远指向某个点。

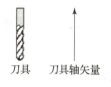

图4.3.29 刀轴矢量
及其方向

2. 朝向点

通过指定一个聚焦点来定义可变刀轴矢量,刀轴矢量以刀柄为起点指向聚焦点,其聚焦点和刀具必须在同一侧。注意:刀具无论移动到何处,刀柄永远指向某个点。如图4.3.31所示。

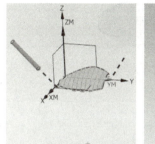
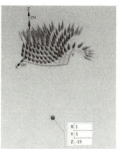

图4.3.30 远离点刀轴示意图

图4.3.31 朝向点刀轴示意图

总结:

远离点:刀具在零件的里面、外面。

朝向点:刀具在零件的外面、上面。

3. 远离直线

控制刀轴矢量沿着直线的全长并垂直于直线,刀轴矢量从刀柄指向直线,其朝向直线必须位于刀具和待加工零件几何体的同一侧,如图4.3.32所示。

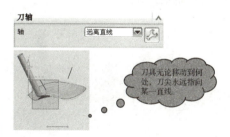

图4.3.32 远离直线刀轴示意图

4. 朝向直线

控制刀轴矢量沿着直线的全长并垂直于直线,刀轴矢量从刀柄指向直线,其远离直线必须位于刀具和待加工零件几何体的同一侧,如图4.3.33所示。

5. 垂直于驱动体

用于定义在每个"驱动点"处垂直于"驱动曲面"的"可变刀轴",该方法需要用到一个驱动曲面,所以它只能在使用了"表面积驱动法"后才可使用,如图4.3.34所示。

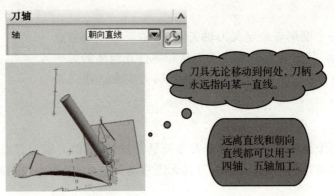

图 4.3.33　朝向直线刀轴示意图

图 4.3.34　垂直于驱动体刀轴示意图

6. 相对于驱动体

用于通过前倾角和侧倾角来定义相对于驱动几何表面法向矢量的可变刀轴,如图 4.3.35 所示。

图 4.3.35　相对于驱动体刀轴示意图

前倾角:用于定义刀具沿"刀轨"前倾或后倾的角度,如图 4.3.36 所示。

侧倾角:用于定义刀具垂直于刀轨方向时,从一侧到另一侧的角度,如图 4.3.37 所示。

在实际加工中,要正确弄清正前角和负前角的概念,才能合理利用刀具的摆件来保证零件加工时实现合理的避让,如图 4.3.38 所示。

7. 垂直于部件

用于定义在每个接触点处垂直于"部件表面"的刀轴,如图 4.3.39 所示。

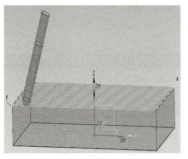
图 4.3.36　前倾角

图 4.3.37　侧倾角

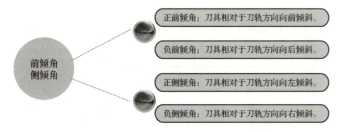

图 4.3.38　前倾角和侧倾角的正、负方向

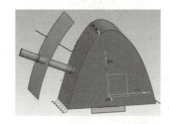

图 4.3.39　垂直于部件刀轴示意图

8. 相对于部件

用于通过前倾角和侧倾角来定义相对于部件几何体表面法向矢量的可变刀轴。

相对于部件要为前倾和侧倾角指定最小值和最大值来限定刀轴的"可变范围",如图 4.3.40 所示。

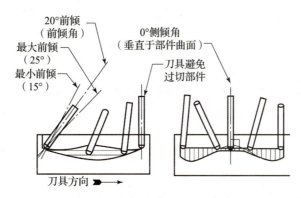

图 4.3.40　相对于部件刀轴示意图

随堂笔记

随学随记,记下学习的重点内容,总结个人的收获,积累学习经验,养成良好的学习习惯。记录表见表4.3.2。

表4.3.2 随堂笔记

学习内容	收获与体会

工作评价

工作评价采用学生自评+学生互评+教师评价、素质评价+能力评价、过程评价+结果评价多元评价模式,见表4.3.3。

表4.3.3 工作评价表

评价内容		分值	自评(20%)	互评(20%)	教师评价(60%)	得分
工作过程	学习态度	20				
	通识知识	20				
	关键能力	20				
工作成果	成果质量	40				
合计						

任务2 四轴联动零件编程与加工

教学目标

1. 素质目标:使学生具有正确的社会主义核心价值观和道德法律意识,具有精益求精、追求卓越的工匠精神和严谨细致、踏实肯干的工作作风,具有全局观念和良好的团队协作精神、协调能力、组织能力、管理能力。

2. 知识目标:能够正确分析加工数模,理解加工要求。正确掌握多轴加工矢量设置、刀轴设置和驱动设置的重要内容。制订科学合理的数控加工工艺规程以及加工路线;确定合理的刀具、量具及夹具。

3. 能力目标:使学生具备多轴零件数控编程与加工的能力,能够利用所选软件进行简单的数模处理,合理设置加工工艺参数、加工参数(切削参数和非切削参数),能够生成高效、准确、优化的加工轨迹。正确使用工、卡、量具,熟练加工程序仿真,快速、精确地加工出零件。

工作任务要求

根据给定螺旋槽加工模型,利用 NX10.0 软件生成四轴加工轨迹,其中包括螺旋槽粗加工和精加工程序,并后处理螺旋槽四轴加工程序。要求使学生学会制订四轴数控加工中心螺旋槽零件的加工工艺方案,设置合理的 NX 加工参数,并进行轨迹仿真,验证是否有干涉和碰撞情况。在 VERICUT 仿真软件中进行仿真,验证程序的正确性,加工出合格零件。

工作过程要领

一、加工模型图样

如图 4.3.41 所示,该零件的加工全部为四轴加工零件,主要由六边形底座、越程槽和前端的螺旋槽组成。要求加工内容为九个螺旋槽的粗、精加工。六边形底座和越程槽前一工序已经完成,只需要加工螺旋槽即可。技术要求主要是表面粗糙度要求:$Ra1.6$ mm。其中尺寸精度为中等公差等级要求,需要保证九个槽平均分度,不能有过切和欠切的情况。形位公差主要是螺旋槽和六边形底座同轴度要求。毛坯尺寸为 $\phi64$ mm $\times 93$ mm。零件材料为 2A12,加工后需去除毛刺。

图 4.3.41 加工模型图样

二、制订加工方案

(一)装夹方案设置

由于该零件属于单件生产,所以采用通用夹具对零件进行装夹和定位。根据零件的形状和尺寸大小,可以利用零件的六边形底座作为装夹部位,采用三爪自定心卡盘进行装夹定位。保证零件五个自由度被限制。装夹过程中,为了防止卡盘破坏已加工表面,可以采用 0.2 mm 左右的铜皮对已加工表面进行保护。

(二)坐标系设置

根据四轴机床的结构和工作原理。一般采用 *AC* 轴形式的四轴机床。零件安装在工作台右端的回转工作台上。为了便于对刀,将坐标系零点放置在零件左端面上。*X* 轴方向选择零件轴线方向,*Z* 轴正方向远离工作台方向。*A* 轴旋转中心设置在零件轴线和左端面的交点上。

(三)加工方案分析

根据零件的装夹方案,可以设置如下加工方案:
①粗加工螺旋槽中心。
②精加工螺旋槽两个侧壁。

③精加工螺旋槽底面。

④螺旋槽底部圆角清根。

（四）根据工艺方案分析,编制 NX 工艺主要参数设置表(表 4.3.4)

表 4.3.4　编制 NX 工艺主要参数设置

螺旋槽四轴加工主要参数设置								
加工部位	加工策略	几何体	驱动方法	投影矢量	刀具	刀轴	余量	非切削参数
粗加工	可变轮廓铣	MCS	曲面驱动	刀轴	R3	远离直线	0.5	进退刀类型: 圆弧平行于刀轴
半精加工 螺旋槽 侧壁	可变轮廓铣	MCS	曲面驱动	朝向 驱动体	R2	侧刃 驱动体	0.3	进退刀类型: 圆弧平行于刀轴
精加工 螺旋槽侧壁	可变轮廓铣	MCS	曲面驱动	刀轴	R2	侧刃驱动体	0	进退刀类型: 圆弧平行于刀轴
精加工 螺旋槽底面	可变轮廓铣	MCS	曲面驱动	朝向 驱动体	R2	四轴相对于 驱动体	0	进退刀类型: 圆弧平行于刀轴
清底部圆角	可变轮廓铣	MCS	曲面驱动	刀轴	R2	远离直线	0	进退刀类型: 圆弧平行于刀轴

三、编制加工程序

（一）工序导航器设置

螺旋槽零件属于四轴加工零件,因此,在加工的时候要考虑 NX 四轴加工策略的选择和相关参数的设置。

根据加工方案,设置工序导航器要求如下:

1. 程序导航器——程序组创建

程序组创建流程可以根据加工工艺进行细分,设置如下程序组:

①粗加工螺旋槽中心。

②精加工侧壁。

③精加工螺旋槽底面。

④圆角清根。

2. 机床导航器——刀具设置(表 4.3.5)

表 4.3.5　刀具设置

序号	加工内容	刀具类型	刀具参数
1	粗加工螺旋槽	4 刃立铣刀	$\phi 6$
2	精加工侧壁	球头铣刀	$SR2$
3	精加工螺旋槽底面	球头铣刀	$SR2$
4	圆角清根	球头铣刀	$SR2$

3. 几何导航器——坐标系、工件设置

①MCS 坐标系设置。

②几何体 Workplace 工件设置。

4. 加工方法导航器

加工方法主要用来设置零件加工的各阶段余量、内外公差和切削用量。根据螺旋槽零件加工方案,在加工方法中设置粗加工和精加工时的切削余量与内外公差即可。具体含义见表4.3.6。

表 4. 3. 6　加工方法设置

MILL_ROUGH	粗加工方法设置
MILL_SEMI_FINISH	半精加工方法设置
MILL_FINISH	精加工方法设置
DRILL_METHOD	钻孔方法设置

螺旋槽零件加工,只需要进行粗加工余量和精加工余量设置即可。

(二)插入工序

1. 插入工序

根据加工方案设计,应该先进行螺旋槽零件的粗加工。采用的加工策略为多轴加工,如图 4.3.42 所示。

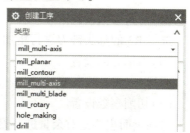

图 4. 3. 42　插入工序

2. 设置工序导航器的父子关系

按照加工工艺安排,进行螺旋槽各加工内容设置、工序导航器的父子关系设置。

3. 设计加工辅助面

根据螺旋槽四轴加工零件的结构特点,可以看出,共九个螺旋槽,每个螺旋槽的尺寸都是一样的,只需要作出其中一个螺旋槽的刀轨,然后通过刀轨变换的方法,旋转出其他螺旋槽的刀轨即可。按照这样的思路,可以采用多轴加工策略中的可变轮廓铣的策略来完成螺旋槽零件的四轴加工任务。

考虑到零件加工轨迹必须从螺旋槽的一端加工到另一端,并且要求刀具轨迹必须从螺旋槽的两端延长出来,从而避免欠切,这样就需要绘制出与螺旋槽完全一致的辅助曲面来完成刀轨的生成。

4. 螺旋槽粗加工可变轮廓铣参数设置

（1）几何体选择

几何体选择之前设置好坐标系,如图 4.3.43 所示。

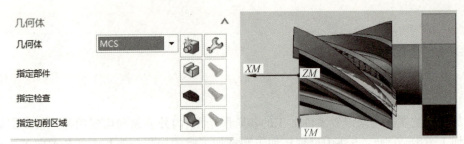

图 4.3.43 坐标系设置位置

(2)驱动方法设置

驱动方法根据绘制的辅助曲面来设置。粗加工选择中间绿色的曲面作为驱动体。

(3)投影矢量设置

根据螺旋槽四轴加工的特点以及选择的驱动方式,投影矢量选择朝向驱动体的形式,如图 4.3.44 所示。

图 4.3.44 投影矢量设置

(4)刀具参数设置

选择 R3 的球头铣刀进行粗加工。

(5)刀轴方向设置

选择"远离直线",直线选择旋转轴 X 方向。

(6)切削参数设置

选项里面主要是对余量进行设置,主要根据毛坯材料和表面粗糙度等要求来设置余量。具体设置可参考视频。

(7)非切削参数设置

主要对进退刀参数、转移/快进进行设置。要保证刀具轨迹在接触工件之前的安全移动。具体内容如下:

1)进退刀参数设置

由于螺旋槽属于开放轮廓,所以可以采用从螺旋槽外侧进退刀,因此选择圆弧相切逼近的形式进退刀。具体可参考视频。

2)切削进给速度设置

主要对主轴转速和进给率进行合理的设置,设置结束后,单击"计算器"按钮 ▤ 方可生效。其他参数默认即可。具体可参考视频。

3)生成加工刀具轨迹

单击 ▶ 按钮,生成零件的加工轨迹。再单击 ▮ 按钮,进行轨迹仿真。

5. 螺旋槽侧壁半精加工可变轮廓铣参数设置

下面对螺旋槽四轴铣削加工的两个侧壁进行精加工,利用之前设置出来的辅助曲面,同样采用可变轮廓铣生成零件的加工轨迹。具体操作和粗加工在有些参数上是相同的。坐标系不变。考虑到槽底的圆角,所以刀具直径根据槽底圆角大小来确定,因此选择 R2 的球刀进行加工。

驱动方法同粗加工,选择曲面驱动。主要区别在于刀具位置要采用相切,不能用对中。切削方向同粗加工的选择方法一致。这里涉及材料侧,要注意材料侧的箭头指示方向是曲面的法向,并且从曲面指向外侧。具体内容参考视频。

6. 螺旋槽侧壁精加工可变轮廓铣参数设置

螺旋槽侧壁精加工,由于加工余量小,精度要求高,对侧壁的表面粗糙度值要求也比较高,避免接刀痕的出现,所以要求刀轨利用球刀侧刃一刀加工完成。整体加工策略与半精加工的相同,区别主要在于驱动体选择的一些设置。

要实现一刀精加工,只需在半精加工参数设置的基础上,将驱动几何体设置参数中的切削方向改成"从底部开始",并将步距数改成"0"。

7. 螺旋槽底面精加工可变轮廓铣参数设置

切削加工参数设置与螺旋槽侧壁精加工相同,加工刀具选择 R2 的球刀,选择切削加工的底面作为驱动面。

8. 螺旋槽清根加工可变轮廓铣参数设置

螺旋槽底部圆角清根,需要根据底部圆角半径来确定刀具直径,选择 R2 的球头铣刀,实现对底部圆角的清根精加工。

加工参数中的切削方向选择箭头所指的下端箭头。步距数选择 0。其他参数同精加工侧壁。

9. 加工轨迹校验

将生成的刀具路径通过 UG 自带的轨迹仿真功能进行校验,主要目的是检查刀具路径有没有过切或者欠切的现象。具体操作见视频。

10. 后处理生成加工程序

通过观察校验后的三维效果,可以确定加工轨迹的正确性,接下来就是生成对应系统的加工程序。生成加工程序的过程实质上就是后处理的过程,前提条件是要有匹配机床和操作系统的后置处理器。这个过程需要有软件公司的专业技术人员结合机床实际情况,与系统厂家的专业技术人员联合开发出针对所用机床的后置处理器。

生成后处理程序的过程如下:在列表里选中要生成程序的加工轨迹,然后右击,选择"后处理",弹出"后处理"对话框。操作见视频。

四、仿真加工零件

VERICUT 仿真软件是一款能够高度仿真实际加工机床的仿真软件,能够根据实际机床的几何尺寸和运动极限位置、坐标系设置点等参数信息对机床模型信息进行建模和设置,能够实现对现满足给定数控系统的加工程序进行高精度程序安全性仿真加工。为实际机床加工做安全保障。多轴螺旋槽零件加工 VERICUT 程序仿真见视频。

四旁 四轴螺旋槽
加工视频

五、实际机床加工螺旋槽四轴零件

(一)四轴螺旋槽零件加工注意事项

①加工坐标系必须和 MCS 坐标系方向一致。

②加工前一定要确认第四轴旋转正方向要与编程方向尽量保持一致。

③装夹时,要注意不要夹伤工件表面,可以均匀地垫上铜箔。

(二)对刀方法

对刀时,可以通过百分表找到第四轴的回转中心,通过坐标系设置,将回转中心作为 X 轴、Y 轴和 Z 轴的原点。

(三)程序导入机床方法1

以 CAXADNC 传输软件为例,实现 Fanuc 通信。

①程序存放路径:D:\DNC 文件夹。

②程序传输。

a. 打开桌面上的 CAXADNC 软件,直接单击进行登录(用户名和密码为空)。

b. 打开机床树,如图 4.3.44 所示,在设备上右击,选择"Fanuc 通信"。

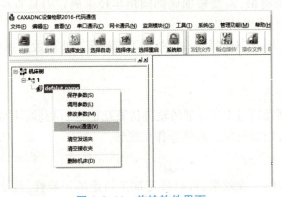

图 4.3.44　传输软件界面

c. 单击"连接机床"按钮,连接成功后,将通信端程序拖拽到机床端即可,如图 4.3.45 所示。

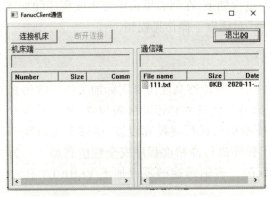

图 4.3.45　传输软件导入程序方法

随堂笔记

随学随记,记下学习的重点内容,总结个人的收获,积累学习经验,养成良好的学习习惯。记录表见表4.3.7。

表4.3.7 随堂笔记

学习内容	收获与体会

任务实施路径与步骤

一、任务实施路径(图4.3.46)

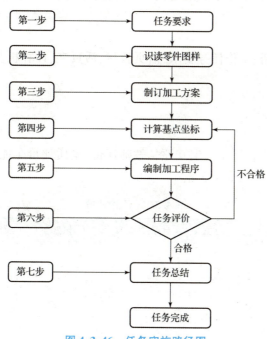

图4.3.46 任务实施路径图

二、任务实施步骤

1. 任务要求。了解岗位身份,弄清任务要求。(0.1学时)

2. 识读零件图样。了解图样的加工要求,弄清要加工的表面和特征,看清基本尺寸、精度、表面质量等方面具体需要达到的要求。(0.2学时)

3. 制订加工方案。制订加工工艺和可行性加工方案,最后经比较确定出最合理的加工方案,确定出合理的工量刃具。(0.4 学时)

4. 计算节点坐标。多轴加工基点计算主要是节点的计算,这里是通过计算机 CAM 软件自动完成节点的计算,要提前设置好工件坐标系所在位置才能保证软件计算的各节点的正确性。

5. 编制加工程序。首先根据上述加工方案的选择,确定走刀路线,结合基础篇章编程基础知识、数控指令应用知识,选择需要使用的指令,最后按照零件模型编制出数控加工程序和相关辅助程序。(1 学时)

6. 任务评价。首先学生自己评价图样程序的编制代码,然后学生互相评价,最后指导教师再评价并给定成绩。(0.2 小时)

7. 任务总结。学生总结这次工作过程,在小组中交流,并选小组代表在全班介绍,讨论编制程序时出现的问题和解决的方法。(0.1 学时)

工作任务实施

一、组织方式

每 6 位同学一组,1 台六角桌,分配出不同角色,并确定出各自的任务。

二、工作准备

每桌配有学习手册、工作任务要求、活页教材、活页夹、计算机及切削加工手册等学习用品。

工作评价

工作评价采用学生自评 + 学生互评 + 教师评价、素质评价 + 能力评价、过程评价 + 结果评价多元评价模式,见表4.3.8。

表 4.3.8　工作评价

评价内容		分值	自评(20%)	互评(20%)	教师评价(60%)	得分
工作过程	学习态度	20				
	通识知识	20				
	关键能力	20				
工作成果	成果质量	40				
合计						

课后训练

完成图 4.3.47 所示零件的加工方案和工艺规程的制订,并进行程序编制。

图 4.3.47　课后训练模型示意图

任务 3　五轴联动零件编程与加工

任务 3　五轴叶轮加工视频

教学目标

1. 素质目标：使学生具有正确的社会主义核心价值观和道德法律意识，具有精益求精、追求卓越的工匠精神和严谨细致、踏实肯干的工作作风，具有全局观念和良好的团队协作精神、协调能力、组织能力、管理能力。

2. 知识目标：能够正确分析加工数模，理解加工要求。正确掌握五轴加工矢量设置、刀轴设置和驱动设置的重要内容。制订科学、合理的数控加工工艺规程以及加工路线；确定合理的刀具、量具及夹具。

3. 能力目标：使学生具备多轴零件数控编程与加工的能力，能够利用所选软件进行简单的数模处理，合理设置加工工艺参数、加工参数（切削参数和非切削参数），能够生成高效、准确、优化的加工轨迹。正确使用工、卡、量具，熟练加工程序仿真，快速、精确地加工出零件。

工作任务要求

根据给定五轴叶轮加工模型，利用 NX10.0 软件生成叶轮加工轨迹，其中包括叶轮和叶片的粗加工、叶轮的精加工、轮毂精加工和清角加工。对加工轨迹进行轨迹仿真，并后处理叶轮的加工程序。要求使学生学会制订五轴叶轮数控加工中心的加工工艺方案，设置合理的 NX 加工参数，并进行轨迹仿真，验证是否有干涉和碰撞情况。在 VERICUT 仿真软件中进行仿真，验证程序的正确性，加工出合格零件。

工作过程要领

一、加工模型分析

如图 4.3.48 所示，该零件的加工全部为五轴叶轮加工，主要由轮毂、包覆面、叶轮和叶根圆角组成。要求加工内容为所有表面的粗、精加工。中心孔已经提前加工好，并可作为夹紧用的工艺孔。

技术要求主要是表面粗糙度和尺寸精度要求。表面粗糙度为 $Ra1.6$ mm,尺寸精度为中等公差等级要求,需要保证叶轮的平均分度,不能有过切和欠切的情况。毛坯尺寸为 $\phi140$ mm $\times 52$ mm,零件材料为 2A12。加工后需去除毛刺。

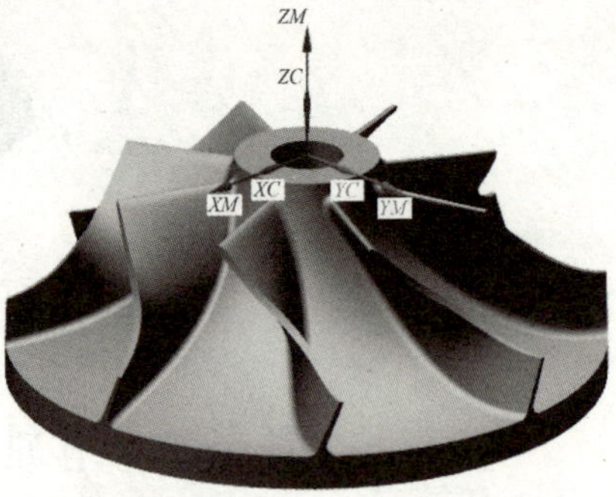

图 4.3.48　加工模型图片

二、制订加工方案

(一)装夹方案设置

由于该零件属于特殊形状零件,加工刀具需为比较细长的刀。为了保证加工刚性,必须采用专用夹具对零件进行装夹和定位。根据零件的形状和尺寸大小,可以利用叶轮的中心孔定位。利用中心轴上方的螺纹,采用螺母螺旋夹紧的方式施加轴向夹紧力。保证零件自由度被限制。

(二)坐标系设置

根据五轴机床的结构和工作原理以及装夹方案,一般采用 AC 轴形式的五轴机床。零件安装在回转工作台上。为了便于对刀,将坐标系 Z 向零点放置于零件上端面。X、Y 方向零点选择在叶轮的回转中心上。

(三)加工方案分析

根据零件的装夹方案,可以设置如下加工方案:
①粗加工叶轮和叶片。
②精加工叶片。
③精加工叶轮轮毂。
④叶轮底部圆角清根。

(四)编制 NX 工艺主要参数设置表

根据工艺方案分析,编制 NX 工艺主要参数设置表,见表 4.3.9。

表 4.3.9　五轴叶轮加工主要参数设置表

加工部位	加工策略	几何体	驱动方法	投影矢量	刀具	余量	非切削参数
粗加工叶轮和叶片	多叶片粗加工	MCS	曲面驱动	刀轴	R5	0.5	进退刀类型:圆弧平行于刀轴
精加工叶轮轮毂	轮毂精加工	MCS	曲面驱动	朝向驱动体	R5	0.3	进退刀类型:圆弧平行于刀轴
精加工叶片	叶片精铣	MCS	曲面驱动	刀轴	R5	0	进退刀类型:圆弧平行于刀轴
精加工叶轮圆角	圆角精铣	MCS	曲面驱动	朝向驱动体	R2	0	进退刀类型:圆弧平行于刀轴

三、编制加工程序

（一）工序导航器设置

叶轮零件属于五轴加工零件,因此在加工时要考虑 NX 叶轮加工模块的加工策略的选择和相关参数的设置。根据加工方案,设置工序导航器要求如下:

1. 程序组导航器——程序组创建

程序组创建流程可以根据加工工艺进行细分,设置如下程序组:

①粗加工叶轮和叶片。
②精加工叶轮轮毂。
③精加工叶片。
④精加工叶轮圆角。

2. 机床导航器——刀具设置（表4.3.10）

表 4.3.10　刀具设置表

序号	加工内容	刀具类型	刀具参数
1	粗加工叶轮和叶片	球头铣刀	SR5
2	精加工叶轮轮毂	球头铣刀	SR2
3	精加工叶片	球头铣刀	SR2
4	精加工叶轮圆角	球头铣刀	SR2

3. 几何导航器——坐标系、工件设置

①MCS 坐标系设置。
②加工方法设置

加工方法主要用来设置零件加工的各阶段余量、内外公差和切削用量。根据零件加工方案,在加工方法中设置粗加工和精加工时的切削余量与内外公差即可。具体含义见表4.3.11。

表 4.3.11　加工方法设置表

MILL_ROUGH	粗加工方法设置
MILL_SEMI_FINISH	半精加工方法设置
MILL_FINISH	精加工方法设置
DRILL_METHOD	钻孔方法设置

五轴叶轮加工,需要进行粗加工余量和精加工余量设置。

4. 插入工序

根据加工方案设计,先进行叶轮加工模块的粗加工。采用的加工策略为"多叶片粗加工",如图 4.3.49 所示。

按照加工工艺安排,同时根据叶轮加工模块的提示,需要指定叶轮各部件的几何体。

5. 五轴叶轮粗加工铣削参数设置

(1)驱动方法的选择

选择"叶片粗加工",如图4.3.50所示。

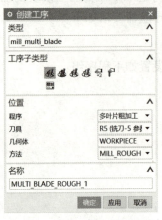

图4.3.49　插入工序设置界面　　　　图4.3.50　驱动方法选择

(2)叶片粗加工驱动方法设置

叶片粗加工的驱动方法按照对话框提示的选项进行设置。其中,"切向延伸"保证刀具能够沿着叶片轮毂面切出刀具直径的50%。径向不必要延伸。"后缘"与前缘一致即可。"切削模式"选择往复上升。"切削方向"选择顺铣。其他保持默认。"刀具"选择R5的球头铣刀。"刀轴"选择自动。

(3)切削参数设置

"深度模式"选择从轮毂偏置。"每刀切削深度"选择恒定。"距离"选择刀具直径百分比。其他保持默认。

6. 五轴叶片精加工铣削参数设置

①粗加工结束以后,需要设置叶轮叶片的精加工轨迹。利用叶片精加工模块对参数进行设置。根据继承关系,选取叶轮相应精加工几何体。

②设置叶片精加工驱动方式。"要精加工的几何体"选择叶片。"要切削的面"选择左侧或右侧。"叶片边"选择沿叶片方向,也就是沿着叶片的方向切入。"切向延伸"设置刀具直径的50%。"后缘"与前缘相同即可。"驱动模式"选择往复上升。"切削方向"选择顺铣。"起点"从后缘开始。"刀具"选择R5球刀。"刀轴"选择自动。

③根据叶轮模块的要求设置切削参数。"深度模式"选择"从包覆插补至轮毂",也就是从轮毂的法向方向设置加工切削层的深度。"每刀切削深度"选择"恒定"。"距离"设置1 mm即可。"范围类型"选择"自动"。

④"切削参数"根据视频演示设置。

7. 叶片轮毂精加工切削参数设置

①根据继承关系,选取轮毂精加工几何体,如图4.3.51所示。

②轮毂精加工要结合叶轮的使用要求,保证零件的表示粗糙度要求。具体参数设置见视频。加工参数设置与叶片相似,驱动方法按照对话框提示的选项进行设置。其中,"叶片边"选择"沿叶片方向"。"切向延伸"保证刀具能够沿着轮毂面切出刀具直径的50%。径向不必要延伸。"后缘"选择"与前缘一致"。"切削模式"选择"往复上升"。"切削方向"选择"混合",这样可以减少抬刀。其他保持默认。

图 4.3.51　设置轮毂精加工几何体

③"切削参数"设置见视频。

8. 叶轮圆角精加工

叶轮加工圆角在叶轮的使用过程中非常重要,可以减少叶轮应力集中,提高叶轮的强度,所以叶轮圆角是加工时必须要做的内容。

①设置叶轮圆角加工几何体,见视频。

②设置圆角精加工驱动方法。

切削周边指的是叶轮圆角所要包围的加工要素。"要精加工的几何体"选择"叶根圆角"。"要切削的面"选择"所有面"。驱动设置中的"驱动模式"选择"较低的圆角边"。"切削带"选择"步进"。"切削模式"选择"单向",可以尽量减少刀轴摆动的幅度。"顺序"可以选择"先陡"。"切削方向"选择"顺铣"。"起点"选择"后缘"。

③切削参数和非切削参数与轮毂精加工的相同。

④生成叶片圆角加工轨迹,见视频。

9. 生成整体叶片加工轨迹

对单个叶片加工轨迹,通过"变换"→"旋转"→"绕直线旋转"的方法进行复制,生成整个叶轮的加工轨迹。操作见视频。

10. 轨迹仿真

下面利用 UG 自带的轨迹仿真功能,对生成的加工轨迹进行程序仿真。仿真效果见视频。

四、后处理生成加工程序

通过观察校验后的三维效果,可以确定加工轨迹的正确性,接下来就是生成对应多轴加工系统的加工程序。生成加工程序的过程实质上就是后处理的过程,前提条件是要有匹配机床和操作系统的后置处理器。这个过程需要有软件公司的专业技术人员结合机床实际情况,与系统厂家的专业技术人员共同联合开发出针对所用机床的后置处理器。

生成后处理程序的过程如下:在列表里选中要生成程序的加工轨迹,然后右击,选择"后处理",弹出"后处理"对话框,如图 4.3.52 所示。

单击"确定"按钮,生成如图 4.3.53 所示的加工程序,一定要对程序头和程序尾进行检查,以保证程序的正确性。重点检查单位设定、坐标系设定、刀补号设定、加工平面设定以及主轴转速和进给量是否符合加工工艺要求。最后就要对加工程序进行 VERICUT 仿真,以保证加工程序的正确性,这也是程序加工前的最后一步。

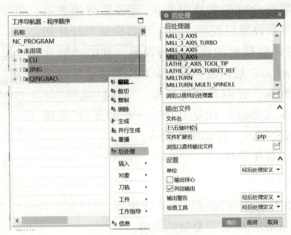

图 4.3.52　生成后处理

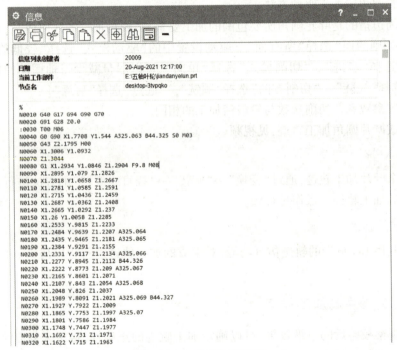

图 4.3.53　生成加工程序

五、仿真加工零件

VERICUT 仿真软件是一款能够高度仿真实际加工机床的仿真软件,能够根据实际机床的几何尺寸和运动极限位置、坐标系设置点等参数信息对机床模型信息进行建模与设置,能够实现对满足给定数控系统的加工程序进行高精度程序安全性仿真加工,为实际机床加工做安全保障。

五轴叶轮零件加工的 VERICUT 程序仿真见视频。

五轴叶轮加工视频

六、加工五轴叶轮零件

(一) 五轴叶轮零件加工注意事项

①加工坐标系必须和 MCS 坐标系方向一致。

②工件安装时,尽量保证安装到工作台的回转中心位置,以减小工作台摆动幅度。

③装夹时,要注意不要夹伤工件表面,可以均匀地垫上铜箔。

(二) 对刀方法

对刀时,可以通过百分表找到第五轴的回转中心,通过坐标系设置,将回转中心作为 X 轴、Y 轴和 Z 轴的原点。也可以将 Z 向零点设置在工件上表面。

(三) 程序导入方法1

以 CAXADNC 传输软件为例,实现 Fanuc 通信。

①程序存放路径:D:\DNC 文件夹。

②程序传输。

a. 打开桌面上的 CAXADNC 软件,直接单击进行登录(用户名和密码为空)。

b. 打开机床树,如图 4.3.54 所示,所示在设备上右击,选择"Fanuc 通信"。

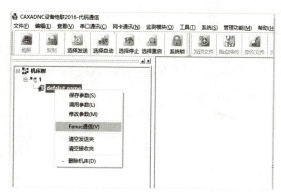

图 4.3.54　程序传输界面

c. 单击"连接机床"按钮,连接成功后,将通信端程序拖拽到机床端即可,如图 4.3.55 所示。

图 4.3.55　机床通信界面

(四) 程序导入方法2

以 RCS Commander 2.7 传输软件为例。使用西门子系统。

1. 连接机床

打开 RCS Commander 2.7 软件,如图 4.3.56 所示,自动连接机床。

图 4.3.56　传输软件图标

2. 操作步骤

①在软件下方的左侧文件夹列表中找到 NC 下的 MPF 文件夹并打开。

②将 U 盘中要传输的程序拖拽至图 4.3.57 所示下方右侧的区域。

③传输即完成,可在机床看到传输的程序。

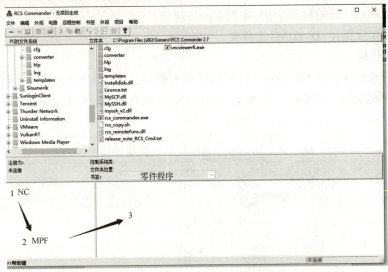

图 4.3.57　程序传输操作步骤

随学随记,记下学习的重点内容,总结个人的收获,积累学习经验,养成良好的学习习惯。记录表见表 4.3.12。

表 4.3.12　随堂笔记

学习内容	收获与体会

一、任务实施路径(图 4.3.58)

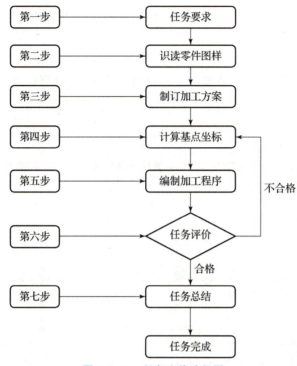

图 4.3.58　任务实施路径图

二、任务实施步骤

1. 任务要求。了解岗位身份,弄清任务要求。(0.1 学时)

2. 识读零件图样。了解图样的加工要求,弄清要加工的表面和特征,看清基本尺寸、精度、表面质量等方面具体需要达到的要求。(0.2 学时)

3. 制订加工方案。制订加工工艺和可行性加工方案,最后经比较确定出最合理的加工方案,确定出合理的工量刃具。(0.4 学时)

4. 计算节点坐标。多轴加工基点计算主要是节点的计算,这里是通过计算机 CAM 软件自动完成节点的计算,要提前设置好工件坐标系所在位置,才能保证软件计算的各节点的正确性。

5. 编制加工程序。首先根据上述加工方案的选择,确定走刀路线,结合基础篇章编程基础知识、数控车削指令应用知识,选择需要使用的指令,最后按照零件轮廓编制出数控加工程序和相关辅助程序。(1 学时)

6. 任务评价。首先学生自己评价图样程序的编制代码,然后学生互相评价,最后指导教师再评价并给定成绩。(0.2 小时)

7. 任务总结。学生总结这次工作过程,在小组中交流,并选小组代表在全班介绍,讨论编制程序时出现的问题和解决的方法。(0.1 学时)

工作任务实施

一、组织方式

每6位同学一组,1台六角桌,分配出不同角色,并确定出各自的任务。

二、工作准备

每桌配有学习手册、工作任务要求、活页教材、活页夹、计算机及切削加工手册等学习用品。

工作评价

工作评价采用学生自评+学生互评+教师评价、素质评价+能力评价、过程评价+结果评价多元评价模式,见表4.3.13。

表 4.3.13　工作评价表

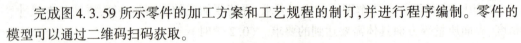

评价内容		分值	自评(20%)	互评(20%)	教师评价(60%)	得分
工作过程	学习态度	20				
	通识知识	20				
	关键能力	20				
工作成果	成果质量	40				
合计						

课后训练

完成图4.3.59所示零件的加工方案和工艺规程的制订,并进行程序编制。零件的模型可以通过二维码扫码获取。

图 4.3.59　叶轮加工模型

附　　录

附录1　FANUC系统常用编程指令

附表 1.1　FANUC 系统数控车准备功能一览表

G 代码	组别	解释
G00	01	定位（快速移动）
G01		直线切削
G02		顺时针切圆弧（CW,顺时针）
G03		逆时针切圆弧（CCW,逆时针）
G04	00	暂停（Dwell）
G09		停于精确的位置
G20	06	英制输入
G21		公制输入
G22	04	内部行程限位有效
G23		内部行程限位无效
G27	00	检查参考点返回
G28		参考点返回
G29		从参考点返回
G30		回到第二参考点
G32	01	切螺纹
G40	07	取消刀尖半径偏置
G41		刀尖半径偏置（左侧）
G42		刀尖半径偏置（右侧）
G50	00	修改工件坐标;设置主轴最大的 RPM
G52		设置局部坐标系
G53		选择机床坐标系

G 代码	组别	解释
G70	00	精加工循环
G71		内外径粗切循环
G72		台阶粗切循环
G73		成形重复循环
G74		Z 向步进钻削
G75		X 向切槽
G76		切螺纹循环
G80	10	取消固定循环
G83		钻孔循环
G84		攻丝循环
G85		正面镗孔循环
G87		侧面钻孔循环
G88		侧面攻丝循环
G89		侧面镗孔循环
G90	01	(内外直径)切削循环
G92		切螺纹循环
G94		(端面) 切削循环
G96	12	恒线速度控制
G97		恒线速度控制取消
G98	05	每分钟进给率
G99		每转进给率

附表 1.2　FANUC 系统数控铣准备功能一览表

G 代码	组别	解释
G00	01	定位 (快速移动)
G01		直线切削
G02		顺时针切圆弧
G03		逆时针切圆弧
G04	00	暂停

学习笔记

G 代码	组别	解释
G15	02	取消极坐标指令
G16		调用极坐标指令
G17		XY 面赋值
G18		XZ 面赋值
G19		YZ 面赋值
G28	00	机床返回原点
G30		机床返回第 2 和第 3 原点
* G40	07	取消刀具直径偏移
G41		刀具直径左偏移
G42		刀具直径右偏移
* G43	08	刀具长度 + 方向偏移
* G44		刀具长度 − 方向偏移
G49		取消刀具长度偏移
G50/G51	14	比例缩放
G51.1/G50.1		镜像功能
G68/G69		旋转功能
* G53		机床坐标系选择
G54		工件坐标系 1 选择
G55		工件坐标系 2 选择
G56		工件坐标系 3 选择
G57		工件坐标系 4 选择
G58		工件坐标系 5 选择
G59		工件坐标系 6 选择
G73	09	高速深孔钻削循环
G74		左螺旋切削循环
G76		精镗孔循环
* G80		取消固定循环
G81		中心钻循环
G82		反镗孔循环
G83		深孔钻削循环
G84		右螺旋切削循环

G 代码	组别	解释
G85	09	镗孔循环
G86		镗孔循环
G87		反向镗孔循环
G88		镗孔循环
G89		镗孔循环
*G90	03	使用绝对值命令
G91		使用增量值命令
G92	00	设置工件坐标系
*G98	10	返回点平面
*G99		返回点平面

附录2　华中系统常用编程指令

附表 2.1　华中系统数控车准备功能一览表

G 代码	组	功能	参数(后续地址字)
G00	01	快速定位	X,Z
G01		直线插补	X,Z
G02		顺圆插补	X,Z,I,K,R
G03		逆圆插补	X,Z,I,K,R
G04	00	暂停	P
G20	08	英寸输入	
G21		毫米输入	
G28	00	返回到参考点	X,Z
G29		由参考点返回	X,Z
G32	01	螺纹切削	X,Z
G40	09	刀尖半径补偿取消	
G41		左刀补	D
G42		右刀补	D
G52	00	局部坐标系设定	X,Z
G54	11	零点偏置	
G55			
G56			
G57			
G58			
G59			
G65	00	宏指令简单调用	P,A~Z
G71	06	外径/内径车削复合循环	X,Z,U,W,P,Q,R
G72		端面车削复合循环	
G73		闭环车削复合循环	
G76		螺纹切削复合循环	
G80	01	内/外径车削固定循环	X,Z,I,K
G81		端面车削固定循环	
G82		螺纹切削固定循环	

G 代码	组	功能	参数(后续地址字)
G90	13	绝对值编程	
G91		增量值编程	
G92	00	工件坐标系设定	X,Z
G94	14	每分钟进给量	
G95		每转进给量	
G36	16	直径编程	
G37		半径编程	

注:
00 组中的 G 代码是非模态的,其他组的 G 代码是模态的。

附表 2.2　华中系统数控铣准备功能一览表

G 代码	组	功能	参数(后续地址字)
G00		快速定位	X,Y,Z,4TH
G01	01	直线插补	
G02		顺圆插补	X,Y,Z,I,J,K,R
G03		逆圆插补	
G04	00	暂停	P
G07	16	虚轴指定	X,Y,Z,4TH
G09	00	准停校验	
G17	02	XY 平面选择	X,Y
G18		ZX 平面选择	X,Z
G19		YZ 平面选择	Y,Z
G20	08	英寸输入	
G21		毫米输入	
G22		脉冲当量	
G24	03	镜像开	X,Y,Z,4TH
G25		镜像关	
G28	00	返回到参考点	X,Y,Z,4TH
G29		由参考点返回	

学习笔记

G 代码	组	功能	参数(后续地址字)
G40		刀具半径补偿取消	
G41	09	左刀补	D
G42		右刀补	D
G43		刀具长度正向补偿	H
G44	10	刀具长度负向补偿	H
G49		刀具长度补偿取消	
G50	04	缩放关	X,Y,Z,P
G51		缩放开	
G52	00	局部坐标系设定	X,Y,Z,4TH
G53		直接机床坐标系编程	
G54		工件坐标系1	
G55		工件坐标系2	
G56		工件坐标系3	
G57	11	工件坐标系4	
G58		工件坐标系5	
G59		工件坐标系6	
G60	00	单方向定位	X,Y,Z,4TH
G61	12	精确停止校验方式	
G64		连续方式	
G65	00	子程序调用	P,A~Z
G68	05	旋转变换	X,Y,Z,P
G69		旋转取消	
G73		深孔钻削循环	
G74		逆攻丝循环	
G76		精镗循环	
G80		固定循环取消	
G81	06	定心钻循环	X,Y,Z,P,Q,R,I,J,K
G82		钻孔循环	
G83		深孔钻循环	
G84		攻丝循环	
G85		镗孔循环	

G 代码	组	功能	参数(后续地址字)
G86	06	镗孔循环	X,Y,Z,P,Q,R,I,J,K
G87		反镗循环	
G88		镗孔循环	
G89		镗孔循环	
G90	13	绝对值编程	
G91		增量值编程	
G92	00	工件坐标系设定	X,Y,Z,4TH
G94	14	每分钟进给量	
G95		每转进给量	
G98	15	固定循环返回起始点	
G99		固定循环返回到 R 点	

注意：

[1]4TH 指的是 X、Y、Z 之外的第 4 轴,可用 A、B、C 等命名。

[2]00 组中的 G 代码是非模态的,其他组的 G 代码是模态的。

附录 3

附录 4

附录 5

参考文献

［1］赵长明,刘万菊.数控加工工艺及设备［M］.2 版.北京:高等教育出版社,2016.

［2］昝华,陈伟华.SINUMERIK828D 车削操作与编程轻松进阶.［M］.北京:机械工业出版社,2021.

［3］陈智刚.数控加工综合实训教程［M］.北京:机械工业出版社,2017.

［4］郭检平,夏源渊.数控机床编程与仿真加工［M］.北京:机械工业出版社,2020.

［5］朱兴伟,蒋洪平.数控车削加工技术与技能.［M］.北京:机械工业出版社,2016.

［6］贺琼义、杨轶锋.五轴数控系统加工编程与操作［M］.北京:机械工业出版社,2019.

［7］田兴林.机械切削工人实用手册［M］.北京:化学工业出版社,2019.

［8］昝华,杨轶锋.五轴数控系统编程与操作维修(基础篇)［M］.北京:机械工业出版社,2017.

［9］王军.机械零件的数控加工工艺.［M］.2 版.北京:机械工业出版社,2020.

［10］朱建民.NX 多轴加工实战宝典［M］.北京:清华大学出版社,2017.

［11］黄雪梅.VERICUT 数控仿真实例教程［M］.北京:化学工业出版社,2019.